*C. F. Gauß | B. Riemann | H. Minkowski*

# Gaußsche Flächentheorie, Riemannsche Räume und Minkowski-Welt

Herausgegeben und mit einem Anhang versehen von

J. Böhm und H. Reichardt

Dieser erste Band der Reihe „TEUBNER-ARCHIV zur Mathematik" enthält fotomechanische Nachdrucke klassischer Arbeiten von Gauss, Riemann und Minkowski sowie in einem kommentierenden Anhang Bemerkungen aus heutiger Sicht. Ausgewählt wurden solche Beiträge dieser drei Mathematiker, die die mathematischen Grundlagen für die Entwicklung der allgemeinen Relativitätstheorie enthalten. Damit jedoch Einstein diese Ergebnisse nutzen konnte, war noch die Schaffung des absoluten Differentialkalküls erforderlich.

In den aktuellen Anmerkungen findet der Leser außer Bemerkungen zu den aufgenommenen Arbeiten und deren Beziehungen untereinander auch einen Ausblick auf diesbezügliche weiterführende Ergebnisse und Methoden. Erwähnung finden dabei insbesondere die Mathematiker Christoffel, Ricci und Levi-Cività sowie Cartan. Ein umfangreiches Literaturverzeichnis sowie ein Namen- und Sachverzeichnis bilden den Abschluß des Buches.

BSB B. G. Teubner Verlagsgesellschaft, Leipzig

Distributed by Springer-Verlag Wien New York

ISBN 978-3-211-95825-4 ISBN 978-3-7091-3071-1 (eBook)
DOI 10.1007/978-3-7091-3071-1

This first volume in the series „TEUBNER-ARCHIV zur Mathematik“ contains photoreproductions of classical papers of Gauss, Riemann and Minkowski, along with supplementary remarks from a present day viewpoint. Contributions from these three mathematicians have been chosen which introduced the mathematical foundations for the development of the theory of general relativity. In order for Einstein to be able to use these results, the creation of the absolute differential calculus was necessary.

In the notes in addition to remarks on the papers in this volume and their mutual relationships, the reader will also find a survey of subsequent related results and methods. Especially the mathematicians Christoffel, Ricci and Levi-Cività as well as Cartan are mentioned. The book concludes with an extensive bibliography, a name and subject index.

Ce premier volume de la série „TEUBNER-ARCHIV zur Mathematik“ contient des réimpressions photomécaniques de travaux classiques de Gauss, Riemann et Minkowski, ainsi que, dans une annexe, des commentaires et annotations sous l'angle de vue actuel. Le choix s'est porté sur des articles de ces trois mathématiciens qui contiennent des bases élémentaires mathématiques pour le développement de la théorie de la relativité générale. Pour que Einstein puisse toutefois mettre à profit ces résultats, il fallait encore la création du calcul différentiel absolu.

Dans les annotations actuelles, le lecteur trouve, en dehors des remarques sur les travaux publiés et leurs relations réciproques, aussi un aperçu sur des résultats et méthodes ayant permis de continuer dans cette voie. Y sont cités en particulier les mathématiciens Christoffel, Ricci et Levi-Cività, ainsi que Cartan. Une bibliographie étendue ainsi qu'un répertoire de noms et de faits, terminent le livre.

Предлагаемый первый том серии „TEUBNER-ARCHIV zur Mathematik“ представляет собой факсимильное переиздание классических работ Гаусса, Римана и Минковского с приложением, содержащим комментарий к этим работам с современной точки зрения. В настоящий том включены те произведения указанных трёх математиков, которые заложили первые математические основы для развития общей теории относительности. Однако, Эйнштейн мог использовать эти результаты лишь после создания абсолютного дифференциального исчисления. В приложении читатель найдёт не только комментарий к названным работам и их взаимосвязи, но и указания на последующие соответственные результаты и методы. При этом упоминаются прежде всего такие математики как Кристоффель, Риччи и Леви-Чивита, а также Картан. Заключают книгу обширный список литературы, именной и п редметный указатели.

# Vorwort

In der Reihe „TEUBNER-ARCHIV zur Mathematik“ werden bedeutende klassische Arbeiten kommentiert, mit aktuellen Anmerkungen versehen und durch Literaturhinweise ergänzt.

Dieser erste Band enthält fotomechanische Nachdrucke von vier Beiträgen der Mathematiker C. F. Gauss, B. Riemann und H. Minkowski. Diese Arbeiten waren grundlegend für die Entwicklung und Weiterentwicklung der Differentialgeometrie als innere Geometrie bis zur allgemeinen Relativitätstheorie. Es ist gewiß nicht nur ein Zufall, daß sich für diese drei Männer die produktive Zeit des Wirkens auf dem genannten Gebiet der Geometrie in der Universitätsstadt Göttingen vollzog.

Durch die folgenden Sätze Albert Einsteins aus seiner Abhandlung über die Grundzüge der Relativitätstheorie aus dem Jahre 1922 lassen sich in einfacher und klarer Weise die diesbezüglichen Verdienste dieser drei Mathematiker charakterisieren: „Gauss hat in seiner Flächentheorie die metrischen Eigenschaften einer in einem dreidimensionalen euklidischen Raum eingebetteten Fläche untersucht und gezeigt, daß diese durch Begriffe beschrieben werden können, die sich nur auf die Fläche selbst, nicht aber auf die Einbettung beziehen ... Riemann dehnte den Gaußschen Gedankengang auf Kontinua beliebiger Dimensionszahl aus; er hat die physikalische Bedeutung dieser Verallgemeinerung der Geometrie Euklids mit prophetischem Blick vorausgesehen ... Durch die Einführung der imaginären Zeitvariable $x_4 = il$ hat Minkowski die Invariantentheorie des vierdimensionalen Kontinuums des physikalischen Geschehens der des dreidimensionalen Kontinuums des euklidischen Raumes völlig analog gemacht. Die vierdimensionale Tensorentheorie der speziellen Relativitätstheorie unterscheidet sich also von der des dreidimensionalen Raumes nur durch die Dimensionszahl und die Realitätsverhältnisse ... Dann folgte der Ausbau der Theorie in Form des Tensorkalküls insbesondere durch Ricci und Levi-Civitá.“

Die Gaußsche Flächentheorie wird in diesem Textbuch in der Übersetzung von A. Wangerin aus dem Jahre 1889 abgedruckt. Außerdem wird ihre Selbstanzeige dieser Übersetzung vorangestellt. Für den vorliegenden Band wurde die Riemannsche Preisschrift für die Pariser Akademie freundlicherweise von O. Neumann ins Deutsche übersetzt.

In einem kommentierenden Anhang beschreiben die Herausgeber den Weg von Gauss über Riemann und Minkowski zu Einstein und verdeutlichen dabei, daß erst noch der absolute Differentialkalkül geschaffen werden mußte, bevor Einstein damit arbeiten konnte. Der Leser findet dort außer Bemerkungen zu den hier aufgenommenen Arbeiten und deren Beziehungen untereinander auch einen Ausblick auf diesbezügliche weiterführende Ergebnisse und Methoden. Erwähnt werden dabei insbesondere die Mathematiker Christoffel, Ricci und Levi-Civitá sowie Cartan. Wenn auch das umfangreiche Literaturverzeichnis naturgemäß nicht völlig erschöpfend sein kann, so wurde doch eine abgerundete Quellensammlung unter besonderer Berücksichtigung alter Literatur, die zum Gegenstand gehört und zum Teil heute nicht so ohne weiteres zugänglich ist, angestrebt.

Im beigefügten Namen- und Sachverzeichnis sind die neuen Seitenzahlen der laufenden Numerierung dieses Textbuches angegeben. Im Originaltext bleibt zur Erleichterung für etwaige Zitate die ursprüngliche Originalpaginierung zusätzlich erhalten. Zahlen in eckigen Klammern verweisen auf Angaben im Literaturverzeichnis; lediglich in den beiden Übersetzungen aus dem Lateinischen geben sie die Originalseitenzahlen an (A. Wangerin bezieht sich auf die 1828 in Göttingen erschienene Ausgabe, O. Neumann auf Riemanns Werke, 1. Aufl., Leipzig 1876).

Der Fachmann wird zuerst den kommentierenden Anhang lesen und dann auf die Originalarbeiten zurückgreifen. Auch der an der Mathematikgeschichte interessierte Leser wird so verfahren. Dagegen sollte derjenige, der sich intensiver als Lernender mit dem Gegenstand vertraut machen möchte, zuerst die Originalarbeiten bzw. deren Übersetzung durcharbeiten und sich erst danach im Anhang die Zusammenhänge vor Augen führen lassen.

Die Herausgeber danken dem Teubner-Verlag für das Eingehen auf alle Wünsche und für die schöne Ausstattung dieses Bandes; vor allem gebührt Herrn J. Weiss unser besonderer Dank für seine hilfreiche Unterstützung. In gleicher Weise sei auch den Mitarbeitern des GG Interdruck für die gute Arbeit Dank und Anerkennung ausgesprochen.

Unser Dank gilt weiterhin der Niedersächsischen Staats- und Universitätsbibliothek Göttingen, die uns freundlicherweise die Reproduktion von handschriftlichen Gaußschen Originalmanuskripten ermöglichte und gestattete, sowie Herrn M. Kneser, Göttingen, der uns dabei ebenfalls sehr hilfreich war, wie auch der Universitätsbibliothek Jena, die uns bei der Begutachtung dieser Materialien tatkräftig unterstützte.

Mit diesem Textbuch legen Herausgeber und Verlag sowohl historisch interessierten Mathematikern und mathematisch interessierten Historikern als auch all jenen, die von den Quellen her einen Zugang zur inneren Differentialgeometrie finden möchten, klassische Arbeiten vor, auf daß alte, schöne Ergebnisse, die bis zur heutigen Zeit weiterwirken, neu kommentiert zur Kenntnis genommen werden können.

Jena und Berlin, August 1984

Johannes Böhm
Hans Reichardt

# Inhalt

C F Gauß

# CARL FRIEDRICH GAUSS

# WERKE

VIERTER BAND.

ZWEITER ABDRUCK

HERAUSGEGEBEN

VON DER

KÖNIGLICHEN GESELLSCHAFT DER WISSENSCHAFTEN

ZU

GÖTTINGEN

1880.

# ANZEIGEN.

Göttingische gelehrte Anzeigen. Stück 177. Seite 1761 bis 1768. 1827. November 5.

Am 8. October überreichte Hr. Hofr. Gauss der Königl. Societät eine Vorlesung:

*Disquisitiones generales circa superficies curvas.*

Obgleich die Geometer sich viel mit allgemeinen Untersuchungen über die krummen Flächen beschäftigt haben, und ihre Resultate einen bedeutenden Theil des Gebiets der höhern Geometrie ausmachen, so ist doch dieser Gegenstand noch so weit davon entfernt, erschöpft zu sein, dass man vielmehr behaupten kann, es sei bisher nur erst ein kleiner Theil eines höchst fruchtbaren Feldes angebauet. Der Verf. hat schon vor einigen Jahren durch die Auflösung der Aufgabe, alle Darstellungen einer gegebenen Fläche auf einer andern zu finden, bei welchen die kleinsten Theile ähnlich bleiben, dieser Lehre eine neue Seite abzugewinnen gesucht: der Zweck der gegenwärtigen Abhandlung ist, abermals andere neue Gesichtspunkte zu eröffnen, und einen Theil der neuen Wahrheiten, die dadurch zugänglich werden, zu entwickeln. Wir werden davon hier anzeigen, was ohne zu grosse Weitläuftigkeit verständlich gemacht werden kann, müssen aber dabei im Voraus bemerken, dass sowohl die neuen Begriffsbildungen, als die Theoreme, wenn die grösste Allgemeinheit umfasst werden soll, zum Theil noch einiger Beschränkungen oder nähern Bestimmungen bedürfen, welche hier übergangen werden müssen.

Bei Untersuchungen, wo eine Mannigfaltigkeit von Richtungen gerader Linien im Raume ins Spiel kommt, ist es vortheilhaft, diese Richtungen durch diejenigen Punkte auf der Oberfläche einer festen Kugel zu bezeichnen, welche die Endpunkte der mit jenen parallel gezogenen Radien sind: Mittelpunkt und Halbmesser dieser *Hülfskugel* sind hierbei ganz willkürlich; für letztern mag die Lineareinheit gewählt werden. Dies Verfahren kommt im Grunde mit demjenigen überein, welches in der Astronomie in stetem Gebrauch ist, wo man alle Richtungen auf eine fingirte Himmelskugel von unendlich grossem Halbmesser bezieht. Die sphärische Trigonometrie, und einige andere Lehrsätze, welchen der Verf. noch einen neuen von häufiger Anwendbarkeit beigefügt hat, dienen dann zur Auflösung der Aufgabe, welche die Vergleichung der verschiedenen vorkommenden Richtungen darbieten kann.

Wenn man die Richtung der an jedem Punkt einer krummen Fläche auf diese errichteten Normale durch den nach dem angedeuteten Verfahren entsprechenden Punkt der Kugelfläche bezeichnet, also jedem Punkt der krummen Fläche in dieser Beziehung einen Punkt der Oberfläche der Hülfskugel entsprechen lässt, so wird, allgemein zu reden, jeder Linie auf der krummen Fläche eine Linie auf der Oberfläche der Hülfskugel, und jedem Flächenstück von jener ein Flächenstück von dieser entsprechen. Je geringer die Abweichung jenes Stücks von der Ebene ist, desto kleiner wird der entsprechende Theil der Kugelfläche sein, und es ist mithin ein sehr natürlicher Gedanke zum Maassstabe der Totalkrümmung, welche einem Stück der krummen Fläche beizulegen ist, den Inhalt des entsprechenden Stücks der Kugelfläche zu gebrauchen. Der Verf. nennt daher diesen Inhalt die *ganze Krümmung* des entsprechenden Stücks der krummen Fläche. Ausser der Grösse kommt aber zugleich noch die *Lage* der Theile in Betracht, die, ganz abgesehen von dem Grössenverhältniss, in den beiden Stücken entweder eine ähnliche, oder eine verkehrte sein kann: diese beiden Fälle werden durch das der Totalkrümmung vorzusetzende positive oder negative Zeichen unterschieden werden können. Diese Unterscheidung hat jedoch nur insofern eine bestimmte Bedeutung, als die Figuren auf bestimmten Seiten der beiden Flächen gedacht werden: der Verf. nimmt sie bei der Kugelfläche auf der äussern und bei der krummen Fläche auf derjenigen Seite, wo man sich die Normale errichtet denkt, und es folgt dann, dass das positive Zeichen bei convex-convexen oder concav-concaven Flächen (die nicht wesentlich verschieden sind), und das negative bei concav-convexen Statt hat. Wenn das in Rede stehende Stück der krummen Fläche in dieser Beziehung aus Theilen ungleicher Art besteht, so werden noch nähere Bestimmungen nothwendig, die hier übergangen werden müssen.

Die Vergleichung des Inhalts zweier einander correspondirender Stücke der krummen Fläche und der Oberfläche der Hülfskugel führt nun (auf dieselbe Art wie z. B. aus der Vergleichung von Volumen und Masse der Begriff von Dichtigkeit hervorgeht) zu einem neuen Begriffe. Der Verf. nennt nämlich *Krümmungsmaass* in einem Punkt der krummen Fläche den Werth des Bruches, dessen Nenner der Inhalt eines unendlich kleinen Stücks der krummen Fläche in diesem Punkt, und der Zähler der Inhalt des entsprechenden Stücks der Fläche der Hülfskugel, oder die ganze Krümmung jenes Elements ist. Man sieht, dass, in dem Sinn des Verf., ganze Krümmung und Krümmungsmaass bei krummen Flächen dem analog ist, was bei krummen Linien resp. Amplitudo und schlechthin Krümmung genannt wird; er fand Bedenken, die letztern mehr durch Gewohnheit als wegen Angemessenheit recipirten Ausdrücke auf die krummen Flächen zu übertragen. Übrigens liegt weniger an den Benennungen selbst, als daran, dass ihre Einführung durch prägnante Sätze gerechtfertigt wird.

Die Auflösung der Aufgabe, das Krümmungsmaass in jedem Punkt einer krummen Fläche zu finden, erscheint in verschiedener Gestalt, nach Maassgabe der Art, wie die Natur der krummen Fläche gegeben ist. Die einfachste Art ist, indem die Punkte im Raum allgemein durch drei rechtwinklige Coordinaten $x$, $y$, $z$ unterschieden werden, eine Coordinate als Function der beiden andern darzustellen: dabei erhält man den einfachsten Ausdruck für das Krümmungsmaass. Zugleich ergibt sich aber ein merkwürdiger Zusammenhang zwischen diesem Krümmungsmaass und den Krümmungen derjenigen Curven, die durch den Schnitt der krummen Fläche mit Ebenen senkrecht auf dieselbe, hervorgehen. Bekanntlich hat Euler zuerst gezeigt, dass zwei dieser schneidenden Ebenen, die einander gleichfalls unter einem rechten Winkel schneiden, die Eigenschaft haben, dass in der einen der grösste, in der andern der kleinste Krümmungshalbmesser Statt findet, oder richtiger, dass in ihnen die beiden äussersten Krümmungen vorkommen. Hier ergibt sich nun aus dem erwähnten Ausdruck für das Krümmungsmaass, dass dieses einem Bruche gleich wird, dessen Zähler die Einheit, der Nenner das Product der beiden äussersten Krümmungshalbmesser wird — Weniger einfach wird der Ausdruck für das Krümmungsmaass, wenn die Natur der krummen Fläche durch eine Gleichung zwischen $x, y, z$, bestimmt ist, und noch zusammengesetzter wird jener, wenn die Natur der krummen Fläche dadurch gegeben ist, dass $x. y. z$ in der Gestalt von Functionen zweier neuen veränderlichen Grössen $p, q$ dargestellt sind. Im letzten Fall enthält der Ausdruck funfzehn Elemente, nemlich die partiellen Differentialquotienten der ersten und zweiten Ordnung von $x, y, z$ nach $p$ und $q$: allein er ist weniger wichtig an sich, als weil er den Übergang zu einem andern bahnt, der zu den merkwürdigsten Sätzen in dieser Lehre gerechnet werden muss. Bei jener Art, die Natur der krummen Fläche darzustellen, hat der allgemeine Ausdruck für irgend ein Linienelement auf derselben,

oder für $\sqrt{(\mathrm{d}x^2+\mathrm{d}y^2+\mathrm{d}z^2)}$, die Form $\sqrt{(E\mathrm{d}p^2+2F\mathrm{d}p.\mathrm{d}q+G\mathrm{d}q^2)}$

wo $E, F\ G$ wiederum Functionen von $p$ und $q$ werden; der erwähnte neue Ausdruck für das Krümmungsmaass enthält nun bloss diese Grössen, und ihre partiellen Differentialquotienten der ersten und zweiten Ordnung. Man sieht also, dass zur Bestimmung des Krümmungsmaasses bloss die Kenntniss des allgemeinen Ausdrucks eines Linearelements erforderlich ist, ohne dass es der Ausdrücke für die Coordinaten $x, y, z$ selbst bedarf. Eine unmittelbare Folge davon ist der merkwürdige Lehrsatz: Wenn eine krumme Fläche, oder ein Stück derselben auf eine andere Fläche abgewickelt werden kann, so bleibt nach der Abwickelung das Krümmungsmaass in jedem Punkt ungeändert. Als specieller Fall folgt hieraus ferner: In einer krummen Fläche, die in eine Ebene abgewickelt werden kann, ist das Krümmungsmaass überall $= 0$. Man leitet daraus sofort die characteristische Gleichung der in eine Ebene abwickelungsfähigen Flächen ab, nemlich, in so fern $z$ als Function von $x$ und $y$ betrachtet wird,

$$\frac{\mathrm{dd}z}{\mathrm{d}x^2}\cdot\frac{\mathrm{dd}z}{\mathrm{d}y^2}-\left(\frac{\mathrm{dd}z}{\mathrm{d}x.\mathrm{d}y}\right)^2=0$$

eine Gleichung, die zwar längst bekannt, aber nach des Verf. Urtheil bisher nicht mit der erforderlichen Strenge bewiesen war.

Diese Sätze führen dahin, die Theorie der krummen Flächen aus einem neuen Gesichtspunkte zu betrachten, wo sich der Untersuchung ein weites noch ganz unangebautes Feld öffnet. Wenn man die Flächen nicht als Grenzen von Körpern, sondern als Körper, deren eine Dimension verschwindet, und zugleich als biegsam, aber nicht als dehnbar betrachtet, so begreift man, dass zweierlei wesentlich verschiedene Relationen zu unterscheiden sind, theils nemlich solche, die eine bestimmte Form der Fläche im Raume voraussetzen, theils solche, welche von den verschiedenen Formen, die die Fläche annehmen kann, unabhängig sind. Die letztern sind es, wovon hier die Rede ist: nach dem, was vorhin bemerkt ist, gehört dazu das Krümmungsmaass; man sieht aber leicht, dass eben dahin die Betrachtung der auf der Fläche construirten Figuren, ihrer Winkel, ihres Flächeninhalts und ihrer Totalkrümmung, die Verbindung der Punkte durch kürzeste Linien u. dgl. gehört. Alle solche Untersuchungen müssen davon ausgehen, dass die Natur der krummen Fläche an sich durch den Ausdruck eines unbestimmten Linearelements in der Form $\sqrt{(E\mathrm{d}p^2 + 2F\mathrm{d}p.\mathrm{d}q + G\mathrm{d}q^2)}$ gegeben ist. Der Verf. hat gegenwärtiger Abhandlung einen Theil seiner seit mehreren Jahren auf diesem Felde angestellten Untersuchungen einverleibt, indem er sich auf solche einschränkte, die von dem ersten Eintritt nicht zu entfernt liegen und zum Theil als allgemeine Hülfsmittel zu vielfachen weitern Untersuchungen dienen können. Bei unsrer Anzeige müssen wir uns noch mehr beschränken, und uns begnügen, nur einiges als Probe anzuführen. Als solche mögen folgende Lehrsätze dienen.

Wenn auf einer krummen Fläche von Einem Anfangspunkte ein System unendlich vieler kürzester Linien von gleicher Länge ausläuft, so schneidet die durch ihre Endpunkte gehende Linie jede derselben unter rechten Winkeln. Wenn an jedem Punkte einer beliebigen Linie auf einer krummen Fläche kürzeste Linien von gleicher Länge senkrecht gegen jene Linie gezogen sind, so sind diese alle auch senkrecht gegen diejenige Linie, welche ihre andern Endpunkte verbindet. Diese beiden Lehrsätze, wovon der zweite als eine Generalisirung des ersten betrachtet werden kann, werden sowohl analytisch, als durch einfache geometrische Betrachtungen bewiesen. *Der Überschuss der Summe der Winkel eines aus kürzesten Linien gebildeten Dreiecks über zwei Rechte ist der Totalkrümmung des Dreiecks gleich.* Es wird hiebei angenommen, dass für die Winkel derjenige, dem ein dem Halbmesser gleicher Bogen entspricht, ($57^0\ 17'\ 45''$), und für die ganze Krümmung, als Stück der Fläche der Hülfskugel, der Inhalt eines Quadrats, dessen Seite der Halbmesser der Hülfskugel ist, als Einheit zu Grunde liegt. Offenbar kann man dies wichtige Theorem auch so ausdrücken: der Überschuss der Winkel eines aus kürzesten Linien gebildeten Dreiecks über zwei Rechte verhält sich zu acht Rechten, wie das Stück der Oberfläche der Hülfskugel, welches jenem als ganze Krümmung entspricht, zu der ganzen Oberfläche der Hülfskugel. Allgemein wird der Überschuss der Winkel eines Polygons von $n$ Seiten, wenn diese kürzeste Linien sind, über $2n-4$ Rechte, der ganzen Krümmung des Polygons gleich sein.

Die allgemeinen in der Abhandlung entwickelten Untersuchungen werden am Schluss derselben noch auf die Theorie der durch kürzeste Linien gebildeten Dreiecke angewandt, wovon wir hier nur ein paar Haupttheoreme anführen. Sind $a, b, c$ die Seiten eines solchen Dreiecks (die als Grössen der ersten Ordnung betrachtet werden); $A, B, C$ die gegenüberstehenden Winkel; $\alpha, 6, \gamma$ die Krümmungsmaasse in den Winkelpunkten; $\sigma$ der Flächeninhalt des Dreiecks, so ist, bis auf Grössen der vierten Ordnung, $\frac{1}{3}(\alpha+6+\gamma)\sigma$ der Überschuss der Summe $A+B+C$ über zwei Rechte. Ferner sind, mit derselben Genauigkeit, die Winkel eines ebenen geradlinigen Dreiecks, dessen Seiten $a, b, c$ sind, der Ordnung nach

$$A-\tfrac{1}{12}(2\alpha+6+\gamma)\sigma$$
$$B-\tfrac{1}{12}(\alpha+2\,6+\gamma)\sigma$$
$$C-\tfrac{1}{12}(\alpha+6+2\gamma)\sigma$$

Man sieht sogleich, dass das letzte Theorem eine Generalisirung des bekannten von LEGENDRE zuerst aufgestellten ist, nach welchem man, bis auf Grössen der vierten Ordnung, die Winkel des geradlinigen Dreiecks erhält, wenn man die Winkel des sphärischen jeden um den dritten Theil des sphärischen Excesses vermindert. Auf einer nichtsphärischen Fläche muss man also den Winkeln ungleiche Reductionen beifügen, und die Ungleichheit ist, allgemein zu reden, eine Grösse der dritten Ordnung; wenn jedoch die ganze Fläche nur wenig von der Kugelgestalt abweicht, so involvirt jene noch ausserdem einen Factor von der Ordnung der Abweichung von der Kugelgestalt. Es ist unstreitig für die höhere Geodaesie wichtig, dass man im Stande ist, die Ungleichheiten jener Reductionen zu berechnen, und dadurch die volle Überzeugung zu erhalten, dass sie für alle messbaren Dreiecke auf der Oberfläche der Erde als ganz unmerklich zu betrachten sind. So finden sich z. B. in dem grössten Dreiecke der von dem Verf. ausgeführten Triangulirung, dessen grösste Seite fast 15 geographische Meilen lang ist, und in welchem der Überschuss der Summe der drei Winkel über zwei Rechte fast 15 Secunden beträgt, die drei Reductionen der Winkel auf die Winkel eines geradlinigen Dreiecks 4″95113, 4″95104, 4″95131. Übrigens hat der Verf. auch die in den obigen Ausdrücken fehlenden Glieder der vierten Ordnung entwickelt, die für die Kugelfläche eine sehr einfache Form erhalten; bei messbaren Dreiecken auf der Oberfläche der Erde sind sie aber ganz unmerklich, und in dem angeführten Beispiel würden sie die erste Reduction nur um zwei Einheiten der fünften Decimale vermindert und die dritte eben so viel vergrössert haben.

OSTWALD'S KLASSIKER
DER EXAKTEN WISSENSCHAFTEN.
Nr. 5.

# ALLGEMEINE FLÄCHENTHEORIE

(DISQUISITIONES GENERALES CIRCA SUPERFICIES CURVAS)

VON

CARL FRIEDRICH GAUSS.

(1827)

WILHELM ENGELMANN IN LEIPZIG.

Allgemeine

# FLÄCHENTHEORIE

(Disquisitiones generales circa superficies curvas)

von

CARL FRIEDRICH GAUSS

(1827).

Deutsch herausgegeben

von

**A. Wangerin.**

LEIPZIG

VERLAG VON WILHELM ENGELMANN

1889.

# Allgemeine Flächentheorie

(Disquisitiones generales circa superficies curvas)

von

## Carl Friedrich Gauss.

Aus »Commentationes societatis regiae scientiarum Gottingensis recentiores Vol. VI ad a. 1823—1827.« Göttingen 1828.

1.

[99] Untersuchungen, bei denen eine Mannigfaltigkeit von Richtungen gerader Linien im Raume ins Spiel kommt, lassen sich häufig übersichtlicher und einfacher darstellen, wenn man eine Kugelfläche zu Hülfe nimmt, die mit einem Radius $= 1$ um einen willkürlich angenommenen Mittelpunkt beschrieben ist; die verschiedenen Richtungen werden dann durch diejenigen Punkte auf der Oberfläche dieser Hülfskugel dargestellt, welche die Endpunkte der mit ihnen parallel gezogenen Radien sind. Wird die Lage eines Punktes im Raum durch drei Coordinaten bestimmt, d. i. durch seine Abstände von drei festen, auf einander senkrechten Ebenen, so sind vor allem die Richtungen der zu jenen Ebenen senkrechten Axen ins Auge zu fassen; die Punkte der Kugelfläche, welche diese Axenrichtungen darstellen, sollen mit 1, 2, 3 bezeichnet werden; ihr gegenseitiger Abstand beträgt 90 Grad. Uebrigens sind dabei unter den Axenrichtungen diejenigen Richtungen zu verstehen, nach denen hin die entsprechenden Coordinaten wachsen.

2.

[100] Es wird zweckmässig sein, einige Sätze, die bei der folgenden Untersuchung häufige Anwendung finden, hier im Zusammenhang vorzuführen.

I. Der Winkel zwischen zwei sich schneidenden Geraden wird gemessen durch den Bogen zwischen denjenigen Punkten, welche auf der Kugelfläche den Richtungen jener Geraden entsprechen.

II. Die Stellung einer beliebigen Ebene kann durch einen grössten Kugelkreis dargestellt werden, dessen Ebene jener ersten parallel ist.

III. Der Winkel zwischen zwei Ebenen ist gleich dem Winkel zwischen den beiden grössten Kugelkreisen, durch welche jene dargestellt werden; der in Rede stehende Winkel wird daher auch durch den zwischen den Polen der beiden grössten Kugelkreise liegenden Bogen gemessen. Gleicherweise wird der Neigungswinkel einer Geraden gegen eine Ebene durch den Bogen gemessen, der von dem der Richtung der Geraden entsprechenden Punkte der Kugelfläche ausgeht und auf dem grössten Kreise, der die Stellung der Ebene darstellt, senkrecht steht.

IV. Bezeichnen $x, y, z$; $x', y', z'$ die Coordinaten zweier Punkte, $r$ ihren Abstand; ist ferner $L$ der Punkt der Kugelfläche, welcher die Richtung der von dem ersten jener Punkte zum zweiten gezogenen Geraden darstellt, so wird

$$x' = x + r\cos 1L,$$
$$y' = y + r\cos 2L,$$
$$z' = z + r\cos 3L.$$

V. Daraus folgt unmittelbar, dass allgemein

$$\cos^2 1L + \cos^2 2L + \cos^2 3L = 1$$

wird, dass ferner, wenn $L'$ irgend einen andern Punkt der Kugelfläche bezeichnet,

$$\cos 1L \,.\, \cos 1L' + \cos 2L \,.\, \cos 2L' + \cos 3L \,.\, \cos 3L' = \cos LL'$$

ist.

VI. Lehrsatz. Bezeichnen $L$, $L'$, $L''$, $L'''$ vier auf der Kugel liegende Punkte und bezeichnet $A$ den Winkel, welchen die Bogen $LL'$, $L''L'''$, bis zu ihrem Schnittpunkt verlängert, bilden, so ist

$$\cos LL'' \,.\, \cos L'L''' - \cos LL''' \,.\, \cos L'L''$$
$$= \sin LL' \,.\, \sin L''L''' \,.\, \cos A.$$

[101] Beweis. Der Schnittpunkt von $LL'$ und $L''L'''$ möge ebenfalls mit $A$ bezeichnet werden; ferner sei

$$AL = t,\; AL' = t',\; AL'' = t'',\; AL''' = t'''.$$

Dann ist

$$\begin{aligned}
\cos LL'' &= \cos t \; \cos t'' + \sin t \; \sin t'' \; \cos A,\\
\cos L'L''' &= \cos t' \cos t''' + \sin t' \sin t''' \cos A,\\
\cos LL''' &= \cos t \; \cos t''' + \sin t \; \sin t''' \cos A,\\
\cos L'L'' &= \cos t' \cos t'' + \sin t' \sin t'' \; \cos A;
\end{aligned}$$

folglich

$$\begin{aligned}
&\cos LL'' . \cos L'L''' - \cos LL''' . \cos L'L''\\
&= \cos A \,[\cos t \cos t'' \sin t' \sin t''' + \cos t' \cos t''' \sin t \sin t''\\
&\qquad - \cos t \cos t''' \sin t' . \sin t'' - \cos t' \cos t'' \sin t \sin t''']\\
&= \cos A (\cos t \sin t' - \sin t \cos t')(\cos t'' \sin t''' - \sin t'' \cos t''')\\
&= \cos A . \sin (t' - t) . \sin (t''' - t'')\\
&= \cos A . \sin LL' . \sin L''L''' .
\end{aligned}$$

Hierbei ist noch Folgendes zu beachten. Vom Punkte $A$ gehen je zwei Zweige der beiden grössten Kreise aus, und dieselben bilden dort zwei Winkel, die sich zu $180^\circ$ ergänzen; von diesen Zweigen sind, wie aus unserer Ableitung hervorgeht, diejenigen zu nehmen, deren Richtungen mit der Richtung des Fortschreitens vom Punkte $L$ nach $L'$ und vom Punkte $L''$ nach $L'''$ übereinstimmen. Daraus erkennt man zugleich, dass es gleichgültig ist, welchen der beiden Schnittpunkte der grössten Kreise man ausgewählt hat. An Stelle des Winkels $A$ kann auch der Bogen zwischen den Polen der grössten Kreise, von denen $LL'$ und $L''L'''$ Theile bilden, gesetzt werden: offenbar aber muss man diejenigen Pole nehmen, die in Bezug auf diese Bogen gleiche Lage haben, nämlich beide Pole zur Rechten, wenn man von $L$ nach $L'$ und von $L''$ nach $L'''$ hin fortschreitet, oder beide zur Linken.

VII. Es seien $L$, $L'$, $L''$ drei Punkte der Kugelfläche, und es werde zur Abkürzung gesetzt

$$\begin{aligned}
\cos 1L &= x, & \cos 2L &= y, & \cos 3L &= z,\\
\cos 1L' &= x', & \cos 2L' &= y', & \cos 3L' &= z',\\
\cos 1L'' &= x'', & \cos 2L'' &= y'', & \cos 3L'' &= z'',
\end{aligned}$$

[**102**] ferner

$$xy'z'' + x'y''z + x''yz' - xy''z' - x'yz'' - x''y'z = \triangle .$$

$\lambda$ möge den Pol des grössten Kreises bezeichnen, von dem der Bogen $LL'$ ein Theil ist, und zwar denjenigen Pol, der in Bezug auf diesen Bogen ebenso liegt, wie der Punkt 1 in Bezug auf den Bogen 23. Dann ist nach dem vorhergehenden Lehrsatze

$$yz' - y'z = \cos 1\lambda \,.\, \sin 23 \,.\, \sin LL'$$

oder, da $23 = 90^\circ$,

$$\begin{aligned} yz' - y'z &= \cos 1\lambda \,.\, \sin LL', \text{ und ebenso} \\ zx' - z'x &= \cos 2\lambda \,.\, \sin LL', \\ xy' - x'y &= \cos 3\lambda \,.\, \sin LL'. \end{aligned}$$

**Multiplicirt man diese Gleichungen resp. mit $x''$, $y''$, $z''$ und addirt sie dann, so erhält man mit Hülfe des zweiten in V angeführten Satzes**

$$\triangle = \cos\lambda L'' \,.\, \sin LL'.$$

Nun sind drei Fälle zu unterscheiden. Erstens kann $L''$ auf demselben grössten Kreise liegen, von dem der Bogen $LL'$ einen Theil bildet; dann ist $\lambda L'' = 90^\circ$ und daher $\triangle = 0$. Liegt dagegen $L''$ ausserhalb jenes grössten Kreises, so tritt der zweite Fall ein, wenn $L''$ und $\lambda$ auf derselben Seite, der dritte, wenn beide auf entgegengesetzten Seiten des Kreises liegen: in beiden Fällen bilden die Punkte $L$, $L'$, $L''$ ein sphärisches Dreieck, und zwar folgen diese Punkte im zweiten Falle in derselben Reihenfolge auf einander wie die Punkte 1, 2, 3, während im dritten Falle die Reihenfolge die entgegengesetzte ist. Bezeichnet man die Winkel jenes sphärischen Dreiecks einfach mit $L$, $L'$, $L''$ und mit $p$ die vom Punkte $L''$ auf die Seite $LL'$ gefällte sphärische Höhe, so wird

$$\sin p = \sin L \,.\, \sin LL'' = \sin L' \,.\, \sin L'L'',$$

ferner ist

$$\lambda L'' = 90^\circ \mp p,$$

wobei das obere Zeichen für den zweiten, das untere für den dritten Fall gilt. Hieraus folgt, dass

$$\begin{aligned} \pm \triangle &= \sin L \,.\, \sin LL' \,.\, \sin LL'' \\ &= \sin L' \,.\, \sin LL' \,.\, \sin L'L'' \\ &= \sin L'' \,.\, \sin LL'' \,.\, \sin L'L'' \end{aligned}$$

ist. Uebrigens kann man den ersten Fall als sowohl im zweiten wie im dritten enthalten ansehen; und ebenso erkennt man leicht, dass $\pm \triangle$ das sechsfache Volumen der Pyramide darstellt, deren Ecken die Punkte $L$, $L'$, $L''$ und der Kugelmittelpunkt sind. Endlich schliesst man hieraus unmittelbar, dass derselbe Ausdruck $\pm \frac{1}{6} \triangle$ allgemein das Volumen einer beliebigen [**103**] Pyramide darstellt, deren Ecken im Coordinatenanfangspunkte und in den Punkten mit den Coordinaten $x, y, z$; $x', y', z'$; $x'', y'', z''$ liegen.

3.

Von einer krummen Fläche sagt man, dass sie in einem auf ihr gelegenen Punkte $A$ eine stetige Krümmung besitzt, wenn die Richtungen der Geraden, die von $A$ nach den verschiedenen dem Punkte $A$ unendlich nahen Punkten der Fläche gezogen werden können, sämmtlich von ein und derselben durch $A$ gehenden Ebene unendlich wenig abweichen. Diese Ebene berührt, wie man zu sagen pflegt, die krumme Fläche in $A$. Sobald dieser Bedingung in einem Punkte nicht genügt werden kann, wird hier die Stetigkeit der Krümmung unterbrochen, wie es z. B. an der Spitze eines Kegels stattfindet. Die folgenden Untersuchungen sollen auf solche krummen Flächen oder auf solche Theile von Flächen beschränkt werden, bei denen die Stetigkeit der Krümmung nirgends unterbrochen wird. Wir bemerken nur noch, dass die Methoden, welche zur Bestimmung der Lage der Berührungsebene dienen, für singuläre Punkte, in denen die Stetigkeit der Krümmung unterbrochen wird, ihre Bedeutung verlieren und auf Unbestimmtes führen müssen.

4.

Die Lage der Berührungsebene wird am bequemsten durch die Lage des auf ihr im Punkte $A$ errichteten Lothes bestimmt; man nennt dasselbe eine Normale der krummen Fläche. Die Richtung dieser Normale soll durch den Punkt $L$ auf der Oberfläche der Hülfskugel dargestellt und

$$\cos 1L = X,\quad \cos 2L = Y,\quad \cos 3L = Z$$

gesetzt werden, während mit $x, y, z$ die Coordinaten des Punktes $A$ bezeichnet werden sollen. Es seien ferner $x + dx$, $y + dy$, $z + dz$ die Coordinaten eines andern Punktes $A'$ der krummen Fläche, $ds$ der unendlich kleine Abstand desselben von $A$; endlich sei $\lambda$ der Punkt der Kugelfläche, welcher die Richtung des Bogenelements $AA'$ darstellt. Dann wird

$$dx = ds.\cos 1\lambda,\quad dy = ds.\cos 2\lambda,\quad dz = ds.\cos 3\lambda,$$

und da $\lambda L = 90^\circ$ sein soll,

$$X \cos 1\lambda + Y \cos 2\lambda + Z \cos 3\lambda = 0.$$

[**104**] Aus dieser Gleichung in Verbindung mit den vorhergehenden ergiebt sich

$$X dx + Y dy + Z dz = 0.$$

Nun giebt es zwei allgemeine Methoden, eine krumme Fläche analytisch darzustellen. Die **erste** Methode benutzt eine Gleichung zwischen den Coordinaten $x$, $y$, $z$; diese Gleichung soll, wie wir annehmen wollen, auf die Form $W = 0$ gebracht sein, wo $W$ eine Function der Veränderlichen $x$, $y$, $z$ ist. Es sei das vollständige Differential der Function $W$

$$dW = Pdx + Qdy + Rdz,$$

so wird auf der krummen Fläche

$$Pdx + Qdy + Rdz = 0$$

und daher auch

$$P\cos 1\lambda + Q\cos 2\lambda + R\cos 3\lambda = 0.$$

Da diese Gleichung, eben so wie die oben aufgestellte, für die Richtungen aller auf der Fläche liegenden Bogenelemente $ds$ gelten soll, so übersieht man leicht, dass $X$, $Y$, $Z$ den Grössen $P$, $Q$, $R$ proportional sein müssen; und in Folge dessen wird, da noch

$$X^2 + Y^2 + Z^2 = 1$$

ist, entweder

$$X = \frac{P}{\sqrt{P^2 + Q^2 + R^2}}, \quad Y = \frac{Q}{\sqrt{P^2 + Q^2 + R^2}},$$
$$Z = \frac{R}{\sqrt{P^2 + Q^2 + R^2}}$$

oder

$$X = \frac{-P}{\sqrt{P^2 + Q^2 + R^2}}, \quad Y = \frac{-Q}{\sqrt{P^2 + Q^2 + R^2}},$$
$$Z = \frac{-R}{\sqrt{P^2 + Q^2 + R^2}}.$$

Die **zweite** Methode stellt die Coordinaten als Functionen von zwei neuen Veränderlichen $p$, $q$ dar. Durch Differentiation dieser Functionen mögen die Gleichungen entstehen

$$dx = a\,dp + a'dq,$$
$$dy = b\,dp + b'dq,$$
$$dz = c\,dp + c'dq;$$

[**105**] dann erhält man durch Einsetzen dieser Ausdrücke in die oben aufgestellte Formel:

$$(aX + bY + cZ)\,dp + (a'X + b'Y + c'Z)\,dq = 0.$$

Da nun diese Gleichung stattfinden soll unabhängig von dem Werth der Differentiale $dp$, $dq$, so muss offenbar

$$aX + bY + cZ = 0, \quad a'X + b'Y + c'Z = 0$$

sein: daraus schliesst man, dass $X$, $Z$, $Y$ den Grössen

$$bc' - cb', \quad ca' - ac', \quad ab' - ba'$$

proportional sein müssen.

Setzt man noch zur Abkürzung

$$\sqrt{(bc' - cb')^2 + (ca' - ac')^2 + (ab' - ba')^2} = \triangle,$$

so wird entweder

$$X = \frac{bc' - cb'}{\triangle}, \quad Y = \frac{ca' - ac'}{\triangle}, \quad Z = \frac{ab' - ba'}{\triangle}$$

oder

$$X = \frac{cb' - bc'}{\triangle}, \quad Y = \frac{ac' - ca'}{\triangle}, \quad Z = \frac{ba' - ab'}{\triangle}.$$

Zu den beiden eben besprochenen allgemeinen Methoden kommt noch eine dritte, bei welcher eine der Coordinaten, z. B. $z$, als Function der beiden andern $x$, $y$ ausgedrückt wird. Diese Methode ist augenscheinlich nichts anderes, als ein Specialfall der ersten oder zweiten Methode. Setzt man daher hier

$$dz = t\,dx + u\,dy,$$

so wird entweder

$$X = \frac{-t}{\sqrt{1 + t^2 + u^2}}, \quad Y = \frac{-u}{\sqrt{1 + t^2 + u^2}},$$
$$Z = \frac{1}{\sqrt{1 + t^2 + u^2}}$$

oder

$$X = \frac{t}{\sqrt{1 + t^2 + u^2}}, \quad Y = \frac{u}{\sqrt{1 + t^2 + u^2}},$$
$$Z = \frac{-1}{\sqrt{1 + t^2 + u^2}}.$$

## 5.

Die beiden im vorhergehenden Artikel gefundenen Lösungen beziehen sich, wie leicht ersichtlich ist, auf entgegengesetzte Punkte der Kugelfläche oder auf entgegengesetzte Richtungen; [**106**] und naturgemäss rühren diese davon her, dass die Normale auf einer oder der andern Seite der Fläche errichtet werden kann. Wenn man nun von jetzt an die beiden Seiten der Fläche unterscheidet und die eine die äussere, die andere die innere nennt, so kann man mit Hülfe des in Artikel 2 (VII) abgeleiteten Satzes für jede der beiden Normalen die zugehörige Lösung angeben, sobald sich ein Kriterium zur Unterscheidung der einen Seite von der andern aufstellen lässt.

Bei der ersten Methode lässt sich ein solches Kriterium aus dem Vorzeichen des Werthes der Grösse $W$ ableiten. Denn, allgemein zu reden, scheidet die krumme Fläche die Theile des Raumes, in denen $W$ einen positiven Werth hat, von denen, in denen der Werth von $W$ negativ ist. Aus dem vorher angeführten Satze aber ergiebt sich leicht, dass, wenn $W$ einen positiven Werth auf der äussern Seite annimmt, und wenn die Normale nach aussen gezogen ist, die erste Lösung zu nehmen ist. Uebrigens wird man in jedem Einzelfalle leicht beurtheilen, ob in Bezug auf das Vorzeichen von $W$ dieselbe Regel für die ganze Fläche gilt oder ob für verschiedene Theile verschiedene Regeln Platz greifen; so lange die Coefficienten $P$, $Q$, $R$ endliche Werthe haben und nicht alle drei gleichzeitig verschwinden, schliesst das Gesetz der Stetigkeit einen Wechsel aus.

Benutzt man die zweite Methode, so kann man auf der krummen Fläche zwei Systeme von krummen Linien ins Auge fassen, eins, für welches $p$ veränderlich, $q$ constant ist, während für das andere $q$ veränderlich und $p$ constant ist: die gegenseitige Lage dieser Linien in Bezug auf die äussere Seite muss entscheiden, welche von beiden Lösungen zu nehmen ist. Sobald nämlich die folgenden drei Linien, 1) der vom Punkt $A$ ausgehende Zweig einer Linie des ersten Systems, für den $p$ wächst, 2) der ebenfalls von $A$ ausgehende, dem zweiten System angehörige Zweig, für den $q$ wächst, 3) die in $A$ nach aussen errichtete Normale, ähnlich liegen, wie am Anfangspunkt die Coordinatenaxen $x$, $y$, $z$ (z. B. wenn sowohl von jenen drei Linien als von diesen die erste nach links, die zweite nach rechts, die dritte nach oben gerichtet ist), so muss die erste Lösung genommen werden; sobald aber die gegenseitige Lage der ersten drei Linien der gegenseitigen Lage der Axen $x$, $y$, $z$ entgegengesetzt ist, wird die zweite Lösung gelten.

[107] Bei der dritten Methode ist zu ermitteln, ob, wenn $z$ einen positiven Zuwachs erhält, während $x$ und $y$ unverändert bleiben, der betrachtete Flächenpunkt nach der äussern oder innern Seite übergeht. Im ersten Falle gilt für die nach aussen gerichtete Normale die erste Lösung, im andern Falle die zweite.

6.

Wie durch Uebertragung der Richtung der Normale einer krummen Fläche auf die Oberfläche der Hülfskugel jedem Punkte der ersten Fläche ein bestimmter Punkt der zweiten zugeordnet ist, so wird auch jede Linie resp. jede Figur auf der ersteren durch eine entsprechende Linie oder Figur auf der Kugel dargestellt werden. Die Vergleichung zweier derart einander entsprechenden Figuren, deren eine gleichsam ein Bild der andern ist, kann aus einem doppelten Gesichtspunkte stattfinden; man kann nämlich einmal allein die Grösse ins Auge fassen, sodann aber kann man auch von allen Grössenbeziehungen abstrahiren und nur die Lage in Betracht ziehen.

Der erste Gesichtspunkt bildet die Grundlage einiger Begriffe, deren Einführung in die Lehre von den krummen Flächen von grossem Nutzen sein wird. Wir schreiben jedem bestimmt abgegrenzten Theile einer krummen Fläche eine Totalkrümmung oder Gesammtkrümmung zu, die durch den Flächeninhalt derjenigen Figur auf der Kugelfläche gemessen werden soll, welche jenem Theile entspricht. Von dieser Gesammtkrümmung ist wohl zu unterscheiden die gewissermaassen specifische Krümmung, die wir das Krümmungsmaass nennen wollen. Dieses letztere bezieht sich auf einen Punkt einer Fläche und soll den Quotienten bezeichnen, der entsteht, wenn die Gesammtkrümmung des an dem Punkte liegenden Oberflächenelements durch den Flächeninhalt des Elements selbst dividirt wird; dasselbe giebt also das Verhältniss unendlich kleiner Flächen an, die einander auf der krummen Fläche und der Hülfskugel entsprechen. Der Nutzen dieser neuen Begriffe wird, wie wir hoffen, aus den folgenden Untersuchungen noch deutlicher hervorgehen. Was die Terminologie betrifft, so haben wir unser Augenmerk vor allem darauf richten zu sollen geglaubt, dass jeder Doppelsinn ausgeschlossen werde; deswegen haben wir es auch nicht für zweckmässig gehalten, die in der Lehre von den ebenen Curven gewöhnlich benutzten (obwohl nicht allseitig als angemessen angesehenen) Ausdrücke ohne weiteres auf unsern Fall zu übertragen; denn [108] dann hätte das Krümmungsmaass einfach Krümmung, die Gesammtkrümmung aber Amplitude genannt werden müssen. Aber warum sollen wir uns in der Wahl der Worte nicht frei bewegen, wenn dieselben nur nicht inhaltleere Dinge bezeichnen und der Ausdruck zu einer irrigen Auslegung verführt?

Die Lage einer Figur auf der Hülfskugelfläche kann mit der Lage der entsprechenden Figur auf der krummen Fläche entweder übereinstimmend, oder ihr entgegengesetzt (die umgekehrte) sein. Der erste Fall findet statt, wenn zwei auf der krummen Fläche von demselben Punkt nach verschiedenen, jedoch nicht entgegengesetzten Richtungen gezogene Linien auf der Kugelfläche durch ähnlich liegende Linien dargestellt werden, d. h. wenn das Bild der rechts liegenden Linie ebenfalls rechts liegt. Der zweite Fall tritt ein, wenn das Entgegengesetzte gilt. Beide Fälle wollen wir durch das positive oder negative Vorzeichen des Krümmungsmaasses unterscheiden. Diese Unterscheidung kann offenbar nur insofern statthaben, als wir auf beiden Flächen eine bestimmte Seite auswählen, auf der wir die Figur liegend denken. Auf der Hülfskugel wollen wir stets die äussere, vom Mittelpunkt abgewandte Seite nehmen: auf der krummen Fläche kann ebenfalls die äussere Seite, oder die, die als äussere angesehen wird, gewählt werden, oder besser dieselbe Seite, auf der die Normale errichtet wird; augenscheinlich wird nämlich hinsichtlich der Uebereinstimmung der Lage der Figuren nichts geändert, wenn man auf der Fläche sowohl die Figur, als die Normale auf der entgegengesetzten Seite gezogen denkt, falls nur ihr Bild immer auf derselben Seite der Kugelfläche beschrieben wird.

Das positive oder negative Vorzeichen, das wir je nach der Lage einer unendlich kleinen Figur dem Krümmungsmaass zuschreiben, können wir auch auf die gesammte Krümmung einer endlichen Figur auf der Fläche ausdehnen. Wollen wir jedoch den Gegenstand in seiner vollen Allgemeinheit abhandeln, so sind noch einige Erörterungen nöthig, die hier nur kurz berührt werden sollen. Wenn die Figur auf der krummen Fläche so beschaffen ist, dass den einzelnen in ihr liegenden Punkten verschiedene Punkte auf der Kugelfläche entsprechen, so bedarf die Definition keiner weiteren Erläuterung. Falls aber eine derartige Bedingung nicht stattfindet, wird es nöthig sein, gewisse Theile der auf der Kugelfläche gelegenen Figur [**109**] zweimal oder mehrmals in Rechnung zu ziehen. Dadurch kann, je nachdem die Lage übereinstimmend oder entgegengesetzt ist, eine Vergrösserung oder ein gegenseitiges Aufheben entstehen. Am einfachsten verfährt man in einem solchen Falle folgendermaassen: man denke die Figur auf der krummen Fläche in solche Theile getheilt, die, jeder für sich betrachtet, der obigen Bedingung genügen, man bestimme sodann für die einzelnen Theile die Gesammtkrümmung vermittelst der Grösse der Fläche der entsprechenden Figur auf der Kugel, wobei für das Vorzeichen die Lage maassgebend ist, und man nehme endlich als Gesammtkrümmung der ganzen Figur denjenigen Werth an, welcher durch Addition der den einzelnen Theilen entsprechenden Gesammtkrümmungen entsteht. Allgemein ist daher die Gesammtkrümmung einer Figur

$$\int k\, d\sigma,$$

falls $d\sigma$ das Flächenelement, $k$ das Krümmungsmaass in einem beliebigen Punkte bezeichnet. Was die geometrische Darstellung dieses Integrals betrifft, so kommt es dabei hauptsächlich auf das Folgende an. Dem Umfang einer Figur auf der krummen Fläche wird (unter der in Art. 3 angegebenen Einschränkung) auf der Kugelfläche stets eine in sich zurückkehrende Linie entsprechen. Wenn dieselbe sich selbst nirgends durchschneidet, so wird durch sie die ganze Kugelfläche in zwei Theile getheilt, deren einer der Figur auf der krummen Fläche entspricht; der Flächeninhalt dieses Theiles, positiv oder negativ genommen, je nachdem derselbe hinsichtlich seines Umfangs dieselbe Lage hat wie die Figur auf der krummen Fläche oder die entgegengesetzte, wird dann die Gesammtkrümmung der zuletzt genannten Figur ausdrücken. Sobald aber jene Linie sich selbst einmal oder mehrmals schneidet, ist die Gestalt der Figur zwar eine complicirte, jedoch kann man ihr noch einen bestimmten Flächeninhalt mit demselben Rechte zuschreiben, wie einer Figur ohne Knoten; und dieser Flächeninhalt, richtig verstanden, liefert stets den rechten Werth der Gesammtkrümmung. Indessen müssen wir die weitere Erörterung dieses Gegenstandes, der die allgemeinste Auffassung von Figuren betrifft, uns für eine andere Gelegenheit vorbehalten.

7.

Wir wollen nun eine Formel für das Krümmungsmaass in einem beliebigen Punkte einer krummen Fläche ableiten. Bezeichnet $d\sigma$ den Flächeninhalt des betrachteten Oberflächenelements, so ist $Zd\sigma$ der Flächeninhalt der Projection dieses Elements auf die $xy$-Ebene; und ebenso ist, wenn $d\Sigma$ der Flächeninhalt des entsprechenden Elements [110] der Kugelfläche ist, $Zd\Sigma$ der Flächeninhalt seiner Projection auf dieselbe Ebene: das positive oder negative Vorzeichen von $Z$ aber zeigt an, ob die Lage der Projection mit der des projicirten Elements übereinstimmt oder die entgegengesetzte ist; offenbar haben daher jene Projectionen dasselbe Grössenverhältniss und zugleich dieselbe gegenseitige Lage wie die Elemente selbst. Wir wollen jetzt ein Element der Oberfläche betrachten, das die Gestalt eines Dreiecks hat, und annehmen, dass die Projectionen der drei Eckpunkte die Coordinaten haben

$$\begin{matrix} x, & y, \\ x + dx, & y + dy, \\ x + \delta x, & y + \delta y. \end{matrix}$$

Der doppelte Flächeninhalt dieses Dreiecks ist

$$dx \,.\, \delta y - dy \,.\, \delta x,$$

und zwar ergiebt dieser Ausdruck den doppelten Inhalt mit dem positiven oder negativen Vorzeichen, je nachdem die Seite, die vom ersten zum dritten Punkte führt, in Bezug auf die Seite, die den ersten mit dem zweiten verbindet, ebenso liegt, wie die Coordinatenaxe $y$ zur Coordinatenaxe $x$ oder entgegengesetzt.

Sind ferner die Coordinaten der drei Punkte, welche die Ecken der Projection des entsprechenden Elements der Kugelfläche sind, auf das Centrum der Kugel als Anfangspunkt bezogen,

$$\begin{matrix} X, & Y, \\ X + dX, & Y + dY, \\ X + \delta X, & Y + \delta Y, \end{matrix}$$

so wird der doppelte Flächeninhalt dieser Projection

$$dX \,.\, \delta Y - dY \,.\, \delta X,$$

und von dem Vorzeichen dieses Ausdrucks gilt dasselbe wie oben. Daher ist das Krümmungsmaass an der betrachteten Stelle der krummen Fläche

$$k = \frac{dX \,.\, \delta Y - dY \,.\, \delta X}{dx \,.\, \delta y - dy \,.\, \delta x}.$$

Nehmen wir nunmehr an, die Fläche sei in der [111] dritten der in Art. 4 betrachteten Formen gegeben, so sind $X$ und $Y$ Functionen von $x$, $y$, und es ist daher

$$dX = \frac{\partial X}{\partial x} \cdot dx + \frac{\partial X}{\partial y} \cdot dy,$$

$$\delta X = \frac{\partial X}{\partial x} \cdot \delta x + \frac{\partial X}{\partial y} \cdot \delta y,$$

$$dY = \frac{\partial Y}{\partial x} \cdot dx + \frac{\partial Y}{\partial y} \cdot dy,$$

$$\delta Y = \frac{\partial Y}{\partial x} \cdot \delta x + \frac{\partial Y}{\partial y} \cdot \delta y.$$

Durch Substitution dieser Werthe geht der obige Ausdruck in folgenden über:

$$k = \frac{\partial X}{\partial x} \cdot \frac{\partial Y}{\partial y} - \frac{\partial X}{\partial y} \cdot \frac{\partial Y}{\partial x}.$$

Setzen wir, wie oben,

$$\frac{\partial z}{\partial x} = t, \quad \frac{\partial z}{\partial y} = u,$$

ausserdem

$$\frac{\partial^2 z}{\partial x^2} = T, \quad \frac{\partial^2 z}{\partial x\, \partial y} = U, \quad \frac{\partial^2 z}{\partial y^2} = V$$

oder

$$dt = Tdx + Udy,$$
$$du = Udx + Vdy,$$

so geben die obigen Formeln

$$X = -tZ, \quad Y = -uZ, \quad (1 + t^2 + u^2)Z^2 = 1,$$

und daher

$$dX = -Zdt - tdZ,$$
$$dY = -Zdu - udZ,$$
$$(1 + t^2 + u^2)dZ + Z(t\,dt + u\,du) = 0;$$

oder

$$dZ = -Z^3(t\,dt + u\,du),$$
$$dX = -Z^3(1 + u^2)dt + Z^3 tu\,du,$$
$$dY = +Z^3 tu\,dt - Z^3(1 + t^2)du,$$

[112] und schliesslich

$$\frac{\partial X}{\partial x} = Z^3\left[-(1+u^2)T + tuU\right],$$
$$\frac{\partial X}{\partial y} = Z^3\left[-(1+u^2)U + tuV\right],$$
$$\frac{\partial Y}{\partial x} = Z^3\left[tuT - (1+t^2)U\right],$$
$$\frac{\partial Y}{\partial y} = Z^3\left[tuU - (1+t^2)V\right].$$

Substituirt man diese Werthe, so geht aus dem vorher aufgestellten Ausdrucke von $k$ der folgende hervor:

$$k = Z^6(TV - U^2)(1 + t^2 + u^2) = Z^4(TV - U^2)$$
$$= \frac{TV - U^2}{(1 + t^2 + u^2)^2}.$$

8.

Durch geeignete Wahl des Anfangspunktes und der Coordinatenaxen kann man es leicht bewerkstelligen, dass für einen bestimmten Punkt $A$ die Werthe der Grössen $t$, $u$, $U$ verschwinden. Die beiden ersten Bedingungen werden ja schon erfüllt, wenn die Berührungsebene des Punktes zur Coordinatenebene $xy$ genommen wird. Legt man ausserdem den Anfangspunkt der Coordinaten in den Punkt $A$, so nimmt der Ausdruck für die Coordinate $z$ offenbar die Form an:

$$z = \tfrac{1}{2}T_0x^2 + U_0xy + \tfrac{1}{2}V_0y^2 + \Omega_0,$$

wo $\Omega_0$ von höherer als der zweiten Ordnung ist. Dreht man dann die Axen $x$, $y$ um einen solchen Winkel $M$, dass

$$\operatorname{tang} 2M = \frac{2U_0}{T_0 - V_0}$$

ist, so sieht man leicht, dass eine Gleichung von folgender Form herauskommt:

$$z = \tfrac{1}{2}Tx^2 + \tfrac{1}{2}Vy^2 + \Omega,$$

und dadurch ist auch der dritten Bedingung genügt. Hieraus ergiebt sich Folgendes:

[**113**] I. Wenn die krumme Fläche durch eine zu ihr senkrechte Ebene geschnitten wird, welche durch die $x$-Axe geht, so entsteht eine ebene Curve, deren Krümmungsradius im Punkte

$A$ gleich $\frac{1}{T}$ wird; dabei zeigt das positive oder negative Zeichen die Concavität oder Convexität gegen die Seite hin an, nach der die $z$-Coordinaten positiv sind.

II. Ebenso wird $\frac{1}{V}$ der Krümmungsradius im Punkt $A$ für diejenige ebene Curve, die durch den Schnitt der krummen Fläche mit der durch die Axen $y$ und $z$ gelegten Ebene entsteht.

III. Setzt man $x = r\cos\varphi$, $y = r\sin\varphi$, so wird

$$z = \tfrac{1}{2}(T\cos^2\varphi + V\sin^2\varphi)r^2 + \Omega.$$

Daraus schliesst man, dass, wenn die Fläche von einer durch $A$ gehenden, auf ihr senkrechten Ebene geschnitten wird, die mit der Axe $x$ den Winkel $\varphi$ bildet, eine ebene Curve entsteht, deren Krümmungsradius im Punkte $A$

$$= \frac{1}{T\cos^2\varphi + V\sin^2\varphi}$$

ist.

IV. Wenn daher $T = V$ ist, so werden die Krümmungsradien in allen ebenen Normalschnitten gleich. Sind aber $T$ und $V$ ungleich, so ist daraus, dass $T\cos^2\varphi + V\sin^2\varphi$ für jeden Werth des Winkels $\varphi$ zwischen $T$ und $V$ liegt, leicht zu ersehen, dass die Krümmungsradien in den in I. und II. betrachteten Hauptschnitten die extremen Werthe der Krümmung ergeben, dass nämlich der eine die grösste, der andere die kleinste Krümmung giebt, wenn $T$ und $V$ mit demselben Zeichen behaftet sind, dagegen der eine die grösste Convexität, der andere die grösste Concavität, wenn $T$ und $V$ verschiedene Vorzeichen besitzen. Diese Schlüsse enthalten fast Alles, was *Euler* zuerst über die Krümmung von Oberflächen gelehrt hat.

V. Für das Krümmungsmaass der Fläche im Punkte $A$ aber erhält man den sehr einfachen Ausdruck $k = TV$; wir haben daher folgenden wichtigen

Lehrsatz. Das Krümmungsmaass in einem beliebigen Punkte einer Fläche ist gleich einem Bruche, dessen Zähler = 1, und dessen Nenner [114] das Product der beiden extremen Krümmungsradien in den durch Normalebenen gebildeten Schnitten ist.

Zugleich erhellt, dass das Krümmungsmaass positiv wird für concav-concave oder convex-convexe Flächen (zwischen beiden besteht kein wesentlicher Unterschied), dagegen negativ für concav-convexe. Besteht eine Fläche aus Theilen von beiden Arten, so muss an der Grenze beider das Krümmungsmaass verschwinden. Die Eigenschaften solcher Flächen, in denen das Krümmungsmaass überall verschwindet, werden weiter unten entwickelt werden.

9.

Die am Schluss des Art. 7 für das Krümmungsmaass aufgestellte allgemeine Formel ist von allen die einfachste, da sie nur fünf Elemente enthält; auf eine etwas complicirtere, die aus neun Elementen gebildet ist, werden wir geführt, wenn wir die erste Art, eine krumme Fläche auszudrücken, anwenden wollen. Wir behalten die Bezeichnungen des Art. 4 bei und setzen ausserdem

$$\frac{\partial^2 W}{\partial x^2} = P', \quad \frac{\partial^2 W}{\partial y^2} = Q', \quad \frac{\partial^2 W}{\partial z^2} = R',$$

$$\frac{\partial^2 W}{\partial y \partial z} = P'', \quad \frac{\partial^2 W}{\partial x \partial z} = Q'', \quad \frac{\partial^2 W}{\partial x \partial y} = R'',$$

so dass

$$\begin{aligned} dP &= P'dx + R''dy + Q''dz, \\ dQ &= R''dx + Q'dy + P''dz, \\ dR &= Q''dx + P''dy + R'dz \end{aligned}$$

wird. Da nun $t = -\frac{P}{R}$ ist, so finden wir durch Differentiation

$$R^2dt = -RdP + PdR$$

$$= (PQ'' - RP')dx + (PP'' - RR'')dy + (PR' - RQ'')dz$$

oder, falls $dz$ mit Hülfe der Gleichung

$$Pdx + Qdy + Rdz = 0$$

eliminirt wird,

[115] $$\begin{aligned} R^3dt = (&-R^2P' + 2PRQ'' - P^2R')dx \\ &+ (PRP'' + QRQ'' - PQR' - R^2R'')dy. \end{aligned}$$

Auf ganz ähnliche Weise erhalten wir

$$\begin{aligned} R^3du = (&PRP'' + QRQ'' - PQR' - R^2R'')dx \\ &+ (-R^2Q' + 2QRP'' - Q^2R')dy. \end{aligned}$$

Hieraus ersehen wir, dass

$$R^3T = -R^2P' + 2PRQ'' - P^2R',$$
$$R^3U = PRP'' + QRQ'' - PQR' - R^2R'',$$
$$R^3V = -R^2Q' + 2QRP'' - Q^2R'$$

ist. Substituiren wir diese Werthe in Art. 7, so erhalten wir für das Krümmungsmaass $k$ den folgenden symmetrischen Ausdruck:

$$\begin{aligned}&(P^2 + Q^2 + R^2)^2 \,.\, k\\ = {} & P^2(Q'R' - P''^2) + Q^2(P'R' - Q''^2) + R^2(P'Q' - R''^2)\\ & + 2QR(Q''R'' - P'P'') + 2PR(P''R'' - Q'Q'')\\ & + 2PQ(P''Q'' - R'R'').\end{aligned}$$

10.

Eine noch complicirtere Formel, nämlich eine aus fünfzehn Elementen zusammengesetzte, erhalten wir, wenn wir die zweite allgemeine Methode der Darstellung einer Fläche benutzen. Es ist jedoch von grosser Wichtigkeit, auch diese Formel zu entwickeln. Wir wollen wieder die Bezeichnung des Art. 4 festhalten und ausserdem setzen

$$\frac{\partial^2 x}{\partial p^2} = \alpha, \quad \frac{\partial^2 x}{\partial p\, \partial q} = \alpha', \quad \frac{\partial^2 x}{\partial q^2} = \alpha'',$$
$$\frac{\partial^2 y}{\partial p^2} = \beta, \quad \frac{\partial^2 y}{\partial p\, \partial q} = \beta', \quad \frac{\partial^2 y}{\partial q^2} = \beta'',$$
$$\frac{\partial^2 z}{\partial p^2} = \gamma, \quad \frac{\partial^2 z}{\partial p\, \partial q} = \gamma', \quad \frac{\partial^2 z}{\partial q^2} = \gamma''.$$

Sodann wollen wir folgende Abkürzungen einführen

$$bc' - cb' = A,$$
$$ca' - ac' = B,$$
$$ab' - ba' = C.$$

**116**] Zuerst beachten wir, dass

$$Adx + Bdy + Cdz = 0$$

oder

$$dz = -\frac{A}{C}\,dx - \frac{B}{C}\,dy$$

ist; insofern daher $z$ als Function von $x$ und $y$ angesehen wird, wird

$$\frac{\partial z}{\partial x} = t = -\frac{A}{C},$$
$$\frac{\partial z}{\partial y} = u = -\frac{B}{C}.$$

Ferner schliessen wir aus den Formeln

$$dx = adp + a'dq, \quad dy = bdp + b'dq,$$

dass

$$Cdp = b'dx - a'dy,$$
$$Cdq = -bdx + ady$$

ist. Daraus erhalten wir für die vollständigen Differentiale von $t$ und $u$

$$C^3dt = \left(A\frac{\partial C}{\partial p} - C\frac{\partial A}{\partial p}\right)(b'dx - a'dy)$$
$$+\left(C\frac{\partial A}{\partial q} - A\frac{\partial C}{\partial q}\right)(bdx - ady),$$
$$C^3du = \left(B\frac{\partial C}{\partial p} - C\frac{B\partial}{\partial p}\right)(b'dx - a'dy)$$
$$+\left(C\frac{\partial B}{\partial q} - B\frac{\partial C}{\partial q}\right)(bdx - ady).$$

Setzen wir in diesen Formeln

$$\frac{\partial A}{\partial p} = c'\beta + b\gamma' - c\beta' - b'\gamma,$$
$$\frac{\partial A}{\partial q} = c'\beta' + b\gamma'' - c\beta'' - b'\gamma',$$
$$\frac{\partial B}{\partial p} = a'\gamma + c\alpha' - a\gamma' - c'\alpha,$$
$$\frac{\partial B}{\partial q} = a'\gamma' + c\alpha'' - a\gamma'' - c'\alpha',$$

[117]
$$\frac{\partial C}{\partial p} = b'\alpha + a\beta' - b\alpha' - a'\beta,$$
$$\frac{\partial C}{\partial q} = b'\alpha' + a\beta'' - b\alpha'' - a'\beta';$$

und erwägen, dass die Werthe der so entstehenden Differentiale $dt$, $du$ den Grössen $Tdx + Udy$ resp. $Udx + Vdy$ gleich sein müssen, und zwar für beliebige Werthe der Differentiale $dx$, $dy$, so finden wir nach einigen nahe liegenden Transformationen:

$$\begin{aligned} C^3T &= \alpha Ab'^2 + \beta Bb'^2 + \gamma Cb'^2 \\ &\quad - 2\alpha' Abb' - 2\beta' Bbb' - 2\gamma' Cbb' \\ &\quad + \alpha'' Ab^2 + \beta'' Bb^2 + \gamma'' Cb^2, \\ C^3U &= -\alpha Aa'b' - \beta Ba'b' - \gamma Ca'b' \\ &\quad + \alpha' A(ab' + ba') + \beta' B(ab' + ba') + \gamma' C(ab' + ba') \\ &\quad - \alpha'' Aab - \beta'' Bab - \gamma'' Cab, \\ C^3V &= \alpha Aa'^2 + \beta Ba'^2 + \gamma Ca'^2 \\ &\quad - 2\alpha' Aaa' - 2\beta' Baa' - 2\gamma' Caa' \\ &\quad + \alpha'' Aa^2 + \beta'' Ba^2 + \gamma'' Ca^2. \end{aligned}$$

Wenn wir jetzt noch zur Abkürzung setzen

$$\begin{aligned} &(1) \quad A\alpha + B\beta + C\gamma = D, \\ &(2) \quad A\alpha' + B\beta' + C\gamma' = D', \\ &(3) \quad A\alpha'' + B\beta'' + C\gamma'' = D'', \end{aligned}$$

so wird

$$\begin{aligned} C^3T &= Db'^2 - 2D'bb' + D''b^2, \\ C^3U &= -Da'b' + D'(ab' + ba') - D''ab, \\ C^3V &= Da'^2 - 2D'aa' + D''a^2. \end{aligned}$$

Daraus folgt nach Ausführung der Rechnung

$$\begin{aligned} C^6(TV - U^2) &= (DD'' - D'^2)(ab' - ba')^2 \\ &= (DD'' - D'^2)\, C^2, \end{aligned}$$

und mithin wird die Formel für das Krümmungsmaass

$$k = \frac{DD'' - D'^2}{(A^2 + B^2 + C^2)^2}.$$

[118] 11.

Die eben gefundene Formel bahnt nun den Uebergang zu einer andern, die als einer der fruchtbarsten Sätze in der Lehre von den krummen Flächen anzusehen ist. Wir führen folgende Bezeichnungen ein:

$$\begin{aligned} &a^2 + b^2 + c^2 = E, \\ &aa' + bb' + cc' = F, \\ &a'^2 + b'^2 + c'^2 = G, \\ (4) \quad &a\alpha + b\beta + c\gamma = m, \\ (5) \quad &a\alpha' + b\beta' + c\gamma' = m', \\ (6) \quad &a\alpha'' + b\beta'' + c\gamma'' = m'', \end{aligned}$$

$$
\begin{aligned}
&(7)\quad a'\alpha + b'\beta + c'\gamma = n,\\
&(8)\quad a'\alpha' + b'\beta' + c'\gamma' = n',\\
&(9)\quad a'\alpha'' + b'\beta'' + c'\gamma'' = n'',
\end{aligned}
$$

$$A^2 + B^2 + C^2 = EG - F^2 = \triangle.$$

Eliminiren wir aus den Gleichungen (1), (4), (7) die Grössen $\beta$, $\gamma$, was dadurch geschieht, dass wir jene Gleichungen resp. mit $bc' - cb'$, $b'C - c'B$, $cB - bC$ multipliciren und dann addiren, so ergiebt sich

$$
\begin{aligned}
&[A(bc' - cb') + a\,(b'C - c'B) + a'\,(cB - bC)]\,\alpha\\
&= D(bc' - cb') + m\,(b'C - c'B) + n\,(cB - bC),
\end{aligned}
$$

eine Gleichung, die wir leicht in die folgende überführen können:

$$AD = \alpha\triangle + a\,(nF - mG) + a'\,(mF - nE).$$

Auf gleiche Weise ergiebt die Elimination der Grössen $\alpha$, $\gamma$ oder $\alpha$, $\beta$ aus denselben Gleichungen

$$
\begin{aligned}
BD &= \beta\triangle + b\,(nF - mG) + b'\,(mF - nE),\\
CD &= \gamma\triangle + c\,(nF - mG) + c'\,(mF - nE).
\end{aligned}
$$

Multipliciren wir die letzten drei Gleichungen mit $\alpha''$, $\beta''$, $\gamma''$ und addiren sie, so erhalten wir

$$
\begin{aligned}
(10)\quad DD'' = (\alpha\alpha'' + \beta\beta'' + \gamma\gamma'')\,\triangle + m''\,(nF - mG)\\
+ n''\,(mF - nE).
\end{aligned}
$$

Wenn wir sodann die Gleichungen (2), (5), (8) auf gleiche Weise behandeln, so wird

$$
\begin{aligned}
AD' &= \alpha'\triangle + a\,(n'F - m'G) + a'\,(m'F - n'E),\\
BD' &= \beta'\triangle + b\,(n'F - m'G) + b'\,(m'F - n'E),\\
CD' &= \gamma'\triangle + c\,(n'F - m'G) + c'\,(m'F - n'E),
\end{aligned}
$$

[**119**] und die Addition dieser Gleichungen, nachdem sie mit $\alpha'$, $\beta'$, $\gamma'$ multiplicirt sind, liefert

$$D'^2 = (\alpha'^2 + \beta'^2 + \gamma'^2)\,\triangle + m'(n'F - m'G) + n'(m'F - n'E).$$

Eine Combination dieser Gleichung mit der Gleichung (10) führt zu dem Resultat

$$
\begin{aligned}
&DD'' - D'^2 = (\alpha\alpha'' + \beta\beta'' + \gamma\gamma'' - \alpha'^2 - \beta'^2 - \gamma'^2)\,\triangle\\
&+ E\,(n'^2 - nn'') + F\,(nm'' - 2m'n' + mn'') + G\,(m'^2 - mm'').
\end{aligned}
$$

Ferner erhellt, dass

$$\frac{\partial E}{\partial p}=2m,\quad \frac{\partial E}{\partial q}=2m',\quad \frac{\partial G}{\partial p}=2n',\quad \frac{\partial G}{\partial q}=2n'',$$

$$\frac{\partial F}{\partial p}=m'+n,\quad \frac{\partial F}{\partial q}=m''+n'$$

oder

$$m=\frac{1}{2}\frac{\partial E}{\partial p},\quad m'=\frac{1}{2}\frac{\partial E}{dq},\quad m''=\frac{\partial F}{\partial q}-\frac{1}{2}\frac{\partial G}{\partial p},$$

$$n=\frac{\partial F}{\partial p}-\frac{1}{2}\frac{\partial E}{\partial q},\quad n'=\frac{1}{2}\frac{\partial G}{\partial p},\quad n''=\frac{1}{2}\frac{\partial G}{\partial q}$$

ist. Ausserdem lässt sich leicht zeigen, dass

$$\alpha\alpha''+\beta\beta''+\gamma\gamma''-\alpha'^2-\beta'^2-\gamma'^2=\frac{\partial n}{\partial q}-\frac{\partial n'}{\partial p}=\frac{\partial m''}{\partial p}-\frac{\partial m'}{\partial q}$$

$$=-\frac{1}{2}\frac{\partial^2 E}{\partial q^2}+\frac{\partial^2 F}{\partial p\,\partial q}-\frac{1}{2}\frac{\partial^2 G}{\partial p^2}$$

ist. Wenn wir nun diese verschiedenen Ausdrücke in der Formel für das Krümmungsmaass, die am Schluss des vorhergehenden Artikels entwickelt ist, substituiren, so gelangen wir zu der folgenden Formel, die allein aus den Grössen $E$, $F$, $G$ und deren Differentialquotienten erster und zweiter Ordnung zusammengesetzt ist:

$$4(EG-F^2)^2.k$$

$$=E\left[\frac{\partial E}{\partial q}\frac{\partial G}{\partial q}-2\frac{\partial F}{\partial p}\frac{\partial G}{\partial q}+\left(\frac{\partial G}{\partial p}\right)^2\right]$$

$$+F\left[\frac{\partial E}{\partial p}\frac{\partial G}{\partial q}-\frac{\partial E}{\partial q}\frac{\partial G}{\partial p}-2\frac{\partial E}{\partial q}\frac{\partial F}{\partial q}+4\frac{\partial F}{\partial p}\frac{\partial F}{\partial q}-2\frac{\partial F}{\partial p}\frac{\partial G}{\partial p}\right]$$

$$+G\left[\frac{\partial E}{\partial p}\frac{\partial G}{\partial p}-2\frac{\partial E}{\partial p}\frac{\partial F}{\partial q}+\left(\frac{\partial E}{\partial q}\right)^2\right]$$

[120] $$-2(EG-F^2)\left[\frac{\partial^2 E}{\partial q^2}-2\frac{\partial^2 F}{\partial p\,\partial q}+\frac{\partial^2 G}{\partial p^2}\right].$$

## 12.

Da die Beziehung

$$dx^2+dy^2+dz^2=Edp^2+2Fdp\,dq+Gdq^2$$

unbeschränkt gilt, so erhellt, dass

$$\sqrt{Edp^2 + 2Fdp\,dq + Gdq^2}$$

der allgemeine Ausdruck für das Bogenelement auf der krummen Fläche ist. Das im vorigen Artikel entwickelte Resultat zeigt daher, dass man zur Auffindung des Krümmungsmaasses der endlichen Formeln, welche die Coordinaten $x, y, z$ als Functionen der Veränderlichen $p$, $q$ darstellen, gar nicht bedarf, dass vielmehr dazu der allgemeine Ausdruck für die Grösse eines beliebigen Bogenelements ausreicht. Gehen wir nun zu einigen Anwendungen dieses äusserst wichtigen Satzes.

Wir wollen annehmen, dass unsere krumme Fläche auf eine andere Fläche, sei dieselbe gekrümmt oder eben, abgewickelt werden kann, so dass jedem Punkt der ersten Fläche, der durch die Coordinaten $x$, $y$, $z$ bestimmt ist, ein bestimmter Punkt der zweiten entspricht, dessen Coordinaten $x'$, $y'$, $z'$ seien. Offenbar können dann auch $x'$, $y'$, $z'$ als Functionen der Veränderlichen $p$, $q$ betrachtet werden; dadurch entsteht für das Bogenelement $\sqrt{dx'^2 + dy'^2 + dz'^2}$ ein Ausdruck der Form

$$\sqrt{E'dp^2 + 2F'dp\,dq + G'dq^2},$$

wobei $E'$, $F'$, $G'$ ebenfalls Functionen von $p$ und $q$ bezeichnen. Aber aus dem blossen Begriff der Abwickelung einer Fläche auf eine andere geht hervor, dass Elemente, die einander auf beiden Flächen entsprechen, nothwendig gleich sind, und dass daher die Gleichungen

$$E = E',\ F = F',\ G = G'$$

identisch erfüllt sein müssen. Die Formel des vorhergehenden Artikels führt daher von selbst zu dem hervorragend wichtigen

L e h r s a t z. W e n n e i n e k r u m m e F l ä c h e a u f i r g e n d e i n e a n d e r e F l ä c h e a b g e w i c k e l t w i r d, s o b l e i b t d a b e i d a s K r ü m m u n g s m a a s s i n d e n e i n z e l n e n P u n k t e n u n g e ä n d e r t.

[**121**] Offenbar wird auch j e d e r e n d l i c h e T h e i l d e r k r u m m e n F l ä c h e n a c h d e r A b w i c k e l u n g a u f e i n e a n d e r e F l ä c h e d i e s e l b e G e s a m m t k r ü m m u n g b e h a l t e n. Einen besonderen Fall, auf den die Geometer bisher ihre Untersuchungen beschränkt haben, bilden die auf eine Ebene abwickelbaren Flächen. Unsere Theorie ergiebt von selbst, dass das Krümmungsmaass derartiger Flächen in jedem Punkte $= 0$ wird, weshalb für dieselben, wenn sie nach der dritten Methode analytisch ausgedrückt werden, überall

$$\frac{\partial^2 z}{\partial x^2} \cdot \frac{\partial^2 z}{\partial y^2} - \left(\frac{\partial^2 z}{\partial x \partial y}\right)^2 = 0$$

wird, ein Kriterium, das zwar längst bekannt ist, meistentheils aber, wenigstens nach unserer Ansicht, nicht mit der erforderlichen Strenge bewiesen wird.

13.

Der in vorigem Artikel abgeleitete Satz führt dahin, die krummen Flächen aus einem neuen Gesichtspunkte zu betrachten, und diese neue Betrachtungsweise verdient von Seiten der Geometer eine sorgfältige Ausbildung. Falls man nämlich die Flächen nicht als Grenzen von Körpern, sondern als Körper, deren eine Dimension verschwindend klein ist, und zugleich als biegsam, aber nicht als dehnbar betrachtet, hängen die Eigenschaften einer Fläche theils von der Form ab, welche dieselbe gerade angenommen hat, theils aber sind sie absolute und bleiben ungeändert, in welche Form jene auch gebogen wird. Zu den letzteren Eigenschaften, deren Untersuchung der Geometrie ein neues und fruchtbares Feld eröffnet, gehört das Krümmungsmaass und die Gesammtkrümmung in dem Sinne, wie diese Ausdrücke von uns aufgefasst sind; ferner gehört hierher die Lehre von den kürzesten Linien und einiges Andere, dessen Behandlung wir uns für später vorbehalten. Bei dieser Auffassung wird eine ebene Fläche und eine auf die Ebene abwickelbare Fläche, wie z. B. eine Cylinderfläche, Kegelfläche u. s. w., als wesentlich identisch angesehen. Der eigentliche Ausgangspunkt für den allgemeinen Ausdruck einer Fläche bei solcher Auffassung liegt in der Formel

$$\sqrt{E dp^2 + 2 F dp\, dq + G dq^2},$$

welche den Zusammenhang [122] eines Bogenelements mit zwei Hülfsvariabeln darstellt. Aber bevor wir diesen Gegenstand weiter verfolgen, müssen wir die Principien der Theorie der kürzesten Linien auf einer gegebenen Fläche vorausschicken.

14.

Eine Raumcurve wird im allgemeinen dadurch gegeben, dass die den einzelnen Punkten zugehörigen Coordinaten als Functionen einer einzigen Variabeln dargestellt werden, die wir mit

$w$ bezeichnen wollen. Die Länge einer solchen Linie von einem willkürlichen Anfangspunkte bis zu dem Punkte, dessen Coordinaten $x$, $y$, $z$ sind, wird ausgedrückt durch das Integral

$$\int dw \,.\, \sqrt{\left(\frac{dx}{dw}\right)^2 + \left(\frac{dy}{dw}\right)^2 + \left(\frac{dz}{dw}\right)^2}\,.$$

Wenn wir nun annehmen, dass die Lage der Curve eine unendlich kleine Veränderung erfahre, derart, dass die Coordinaten der einzelnen Punkte um $\delta x$, $\delta y$, $\delta z$ geändert werden, so ergiebt sich die Aenderung der ganzen Länge

$$= \int \frac{dx \,.\, d\delta x + dy \,.\, d\delta y + dz \,.\, d\delta z}{\sqrt{dx^2 + dy^2 + dz^2}}\,,$$

und diesen Ausdruck transformiren wir in den folgenden:

$$\frac{dx \,.\, \delta x + dy \,.\, \delta y + dz \,.\, \delta z}{\sqrt{dx^2 + dy^2 + dz^2}}$$

$$- \int \left[\delta x \,.\, d\left(\frac{dx}{\sqrt{dx^2 + dy^2 + dz^2}}\right) + \delta y \,.\, d\left(\frac{dy}{\sqrt{dx^2 + dy^2 + dz^2}}\right) + \delta z \,.\, d\left(\frac{dz}{\sqrt{dx^2 + dy^2 + dz^2}}\right)\right].$$

In dem Falle, wo die Linie eine kürzeste zwischen ihren Endpunkten ist, muss bekanntlich der Ausdruck, der hier unter dem Integralzeichen steht, verschwinden. Falls die Linie auf einer gegebenen Fläche liegen soll, welche durch die Gleichung

$$Pdx + Qdy + Rdz = 0$$

ausgedrückt wird, müssen auch die Variationen $\delta x$, $\delta y$, $\delta z$ der Gleichung

$$P\delta x + Q\delta y + R\delta z = 0$$

genügen, woraus man nach bekannten Regeln leicht schliesst, dass die Differentiale

$$d\left(\frac{dx}{\sqrt{dx^2 + dy^2 + dz^2}}\right), \quad d\left(\frac{dy}{\sqrt{dx^2 + dy^2 + dz^2}}\right),$$
$$d\left(\frac{dz}{\sqrt{dx^2 + dy^2 + dz^2}}\right)$$

[**123**] resp. den Grössen $P$, $Q$, $R$ proportional sein müssen. Es

sei ferner $dr$ ein Element der Curve, $\lambda$ der Punkt auf der Kugelfläche, welcher die Richtung dieses Elements darstellt, $L$ der Punkt der Kugelfläche, welcher die Richtung der Normale der krummen Fläche darstellt; endlich seien $\xi$, $\eta$, $\zeta$ die Coordinaten des Punktes $\lambda$ und $X$, $Y$, $Z$ die Coordinaten des Punktes $L$, sämmtlich auf den Mittelpunkt der Kugel bezogen. Dann ist

$$dx = \xi . dr, \quad dy = \eta . dr, \quad dz = \zeta . dr,$$

woraus folgt, dass die obigen Differentiale $d\xi$, $d\eta$, $d\zeta$ werden. Und da die Grössen $P$, $Q$, $R$ den $X$, $Y$, $Z$ proportional sind, so besteht die Eigenthümlichkeit einer kürzesten Linie darin, dass sie den Gleichungen

$$\frac{d\xi}{X} = \frac{d\eta}{Y} = \frac{d\zeta}{Z}$$

genügt. Uebrigens übersieht man leicht, dass

$$\sqrt{d\xi^2 + d\eta^2 + d\zeta^2}$$

gleich wird dem kleinen Bogen auf der Kugelfläche, welcher den Winkel zwischen den Richtungen der Tangenten am Anfang und am Ende des Elements $dr$ misst, und daher $= \frac{dr}{\varrho}$, wenn $\varrho$ den Krümmungsradius in dem betreffenden Punkte der kürzesten Linie bezeichnet. So wird also

$$\varrho . d\xi = X . ar, \quad \varrho . d\eta = Y . dr, \quad \varrho . d\zeta = Z . dr.$$

## 15.

Wir wollen annehmen, dass auf der krummen Fläche von einem gegebenen Punkte $A$ unzählig viel kürzeste Linien ausgehen; sie unterscheiden sich von einander durch den Winkel, welchen das erste Element jeder einzelnen mit dem ersten Element einer von ihnen, die wir als erste nehmen, bildet: es sei $\varphi$ jener Winkel, oder allgemeiner eine Function jenes Winkels, ferner $r$ die Länge einer solchen kürzesten Linie vom Punkte $A$ bis zu dem Punkte, dessen Coordinaten $x$, $y$, $z$ sind. Da jetzt bestimmten Werthen der Variabeln $r$, $\varphi$ bestimmte Punkte der Fläche zugehören, so können wir die Coordinaten $x$, $y$, $z$ als Functionen von $r$, $\varphi$ ansehen. Die Bezeichnungen $\lambda$, $L$, $\xi$, $\eta$, $\zeta$, $X$, $Y$, $Z$ wollen wir in derselben Bedeutung beibehalten wie

[**124**] im vorigen Artikel, nur sollen sich dieselben unbeschränkt auf einen unbestimmten Punkt irgend einer der kürzesten Linien beziehen.

Alle kürzesten Linien, die gleiche Länge $r$ besitzen, werden bis zu einer andern Linie reichen, deren von einem willkürlichen Anfangspunkte ab gerechnete Länge wir mit $v$ bezeichnen. Es kann dann $v$ als Function von $r$ und $\varphi$ angesehen werden, und wenn wir mit $\lambda'$ den Punkt auf der Kugelfläche bezeichnen, der der Richtung des Elements $dv$ entspricht, ebenso mit $\xi'$, $\eta'$, $\zeta'$ die Coordinaten dieses Punktes, bezogen auf den Mittelpunkt der Kugel, so haben wir

$$\frac{\partial x}{\partial \varphi} = \xi' \cdot \frac{\partial v}{\partial \varphi}, \quad \frac{\partial y}{\partial \varphi} = \eta' \cdot \frac{\partial v}{\partial \varphi}, \quad \frac{\partial z}{\partial \varphi} = \zeta' \cdot \frac{\partial v}{\partial \varphi}.$$

Hieraus, in Verbindung mit

$$\frac{\partial x}{\partial r} = \xi, \quad \frac{\partial y}{\partial r} = \eta, \quad \frac{\partial z}{\partial r} = \zeta,$$

folgt

$$\frac{\partial x}{\partial r}\frac{\partial x}{\partial \varphi} + \frac{\partial y}{\partial r}\frac{\partial y}{\partial \varphi} + \frac{\partial z}{\partial r}\frac{\partial z}{\partial \varphi} = (\xi\xi' + \eta\eta' + \zeta\zeta')\frac{\partial v}{\partial \varphi}$$
$$= \cos \lambda\lambda' \cdot \frac{\partial v}{\partial \varphi}.$$

Das erste Glied dieser Gleichung, das gleichfalls eine Function von $r$ und $\varphi$ ist, bezeichnen wir mit $S$; die Differentiation desselben nach $r$ ergiebt

$$\frac{\partial S}{\partial r} = \frac{\partial^2 x}{\partial r^2}\frac{\partial x}{\partial \varphi} + \frac{\partial^2 y}{\partial r^2}\frac{\partial y}{\partial \varphi} + \frac{\partial^2 z}{\partial r^2}\frac{\partial z}{\partial \varphi}$$
$$+ \frac{1}{2}\frac{\partial\left[\left(\frac{\partial x}{\partial r}\right)^2 + \left(\frac{\partial y}{\partial r}\right)^2 + \left(\frac{\partial z}{\partial r}\right)^2\right]}{\partial \varphi}$$
$$= \frac{\partial \xi}{\partial r}\frac{\partial x}{\partial \varphi} + \frac{\partial \eta}{\partial r}\frac{\partial y}{\partial \varphi} + \frac{\partial \zeta}{\partial r}\frac{\partial z}{\partial \varphi} + \frac{1}{2}\frac{\partial(\xi^2 + \eta^2 + \zeta^2)}{\partial \varphi}$$

Es ist aber

$$\xi^2 + \eta^2 + \zeta^2 = 1$$

und daher die Ableitung dieses Ausdrucks $= 0$; und aus dem vorigen Artikel wissen wir, dass, wenn auch hier $\varrho$ den Krümmungsradius der Linie $r$ bezeichnet,

[125] $$\frac{\partial\xi}{\partial r}=\frac{X}{\varrho},\quad \frac{\partial\eta}{\partial r}=\frac{Y}{\varrho},\quad \frac{\partial\zeta}{\partial r}=\frac{Z}{\varrho}$$

ist. Somit erhalten wir

$$\frac{\partial S}{\partial r}=\frac{1}{\varrho}(X\xi'+Y\eta'+Z\zeta')\cdot\frac{\partial v}{\partial\varphi}=\frac{1}{\varrho}\cos L\lambda'\cdot\frac{\partial v}{\partial\varphi}=0,$$

da, wie leicht ersichtlich, $\lambda'$ auf dem grössten Kreise liegt, dessen Pol $L$ ist. Daraus schliessen wir, dass $S$ unabhängig von $r$ und daher allein eine Function von $\varphi$ ist. Aber für $r=0$ wird offenbar $v=0$ und ferner auch $\frac{\partial v}{\partial\varphi}=0$, desgleichen $S=0$ unabhängig von $\varphi$. Nothwendig muss daher allgemein $S=0$ sein und daher $\cos\lambda\lambda'=0$, d. h. $\lambda\lambda'=90^{\circ}$. Das Resultat fassen wir zusammen in folgenden

Lehrsatz. Werden auf einer krummen Fläche von demselben Anfangspunkte aus kürzeste Linien von gleicher Länge gezogen, so steht die ihre Endpunkte verbindende Linie auf ihnen allen senkrecht.

Wir haben geglaubt, dass es der Mühe werth sei, diesen Satz aus der Fundamentaleigenschaft der kürzesten Linie abzuleiten: übrigens kann man die Richtigkeit desselben auch ohne Rechnung durch folgende Ueberlegung erkennen. Es seien $AB$, $AB'$ zwei kürzeste Linien von derselben Länge, die einen unendlich kleinen Winkel bei $A$ einschliessen. Angenommen nun, es wäre einer der beiden Winkel, den das Element $BB'$ mit den Linien $BA$, $BA'$ bildet, um eine endliche Grösse von einem rechten Winkel unterschieden, dann müsste nach dem Gesetze der Stetigkeit einer jener beiden Winkel grösser, der andere kleiner sein als ein Rechter. Es werde angenommen, dass der Winkel bei $B=90^{\circ}-\omega$ sei; bestimmt man dann auf der Linie $BA$ denjenigen Punkt $C$, für den

$$BC=\frac{BB'}{\sin\omega}:$$

so wäre, da das unendlich kleine Dreieck $BB'C$ als ein ebenes behandelt werden kann,

$$CB'=BC.\cos\omega$$

und daher

$$AC + CB' = AC + BC.\cos\omega = AB - BC(1 - \cos\omega$$
$$= AB' - BC(1 - \cos\omega),$$

d. h. der Weg vom Punkte $A$ nach $B'$ über $C$ wäre kürzer als die kürzeste Linie, was widersinnig ist.

16.

[**126**] Mit dem Satze des vorigen Artikels verbinden wir einen andern, den wir folgendermaassen aussprechen. Wenn man auf einer krummen Fläche eine beliebige Linie gezogen denkt, von deren einzelnen Punkten unter rechten Winkeln und nach derselben Seite hin unzählige kürzeste Linien von gleicher Länge ausgehen, so schneidet die Curve, welche die andern Endpunkte derselben verbindet, jene sämmtlich unter rechten Winkeln. Zum Beweise braucht man in der obigen Entwickelung nichts zu ändern, als dass $\varphi$ die Länge der gegebenen Curve, von einem willkürlichen Punkte an gerechnet, bezeichnen soll, oder auch eine Function dieser Länge. Dann werden alle Schlüsse auch jetzt noch Gültigkeit haben, nur mit dem Unterschied, dass das Bestehen der Gleichung $S = 0$ für $r = 0$ jetzt schon aus der Voraussetzung sich ergiebt. Uebrigens ist dieser zweite Satz allgemeiner, als der vorhergehende, der sogar als in ihm enthalten aufgefasst werden kann, wenn man nur als gegebene Linie einen unendlich kleinen um $A$ beschriebenen Kreis nimmt. Endlich bemerken wir, dass auch hier geometrische Ueberlegungen an die Stelle der Rechnung treten können; doch wollen wir uns bei denselben, da sie ziemlich nahe liegen, nicht aufhalten.

17.

Wir kehren zu der Formel

$$\sqrt{Edp^2 + 2Fdp\,dq + Gdq^2},$$

welche ohne Beschränkung die Grösse eines Bogenelements auf der krummen Fläche ausdrückt, zurück, und prüfen vor allem die geometrische Bedeutung der Coefficienten $E$, $F$, $G$. Schon in Art. 5 haben wir darauf hingewiesen, dass man auf der krummen Fläche zwei Systeme von Linien gezogen denken kann, eines, für dessen einzelne Linien allein $p$ veränderlich, $q$ constant ist, während auf den Linien des andern allein $q$ veränderlich, $p$ dagegen constant ist. Ein beliebiger Punkt der Fläche kann als Schnittpunkt einer Linie des ersten Systems mit einer des zweiten angesehen werden; und dann ist das Bogenelement der ersten von dem betreffenden Punkte ausgehenden Linie, das der Aenderung $dp$ entspricht, $= \sqrt{E} \, . \, dp$; ebenso ist das Element der zweiten Linie, das zur Aenderung $dq$ gehört, $= \sqrt{G} \, . \, dq$. Bezeichnet man endlich mit $\omega$ den Winkel zwischen diesen Elementen, so erkennt man leicht, dass

[127] $$\cos \omega = \frac{F}{\sqrt{EG}}$$

wird. Ferner ist der Inhalt des parallelogrammförmigen Flächenelements, das von zwei Linien des ersten Systems, zu denen die Werthe $q$ und $q + dq$ gehören, und von zwei Linien des zweiten Systems, zu denen die Werthe $p$ und $p + dp$ gehören, begrenzt wird,

$$= \sqrt{EG - F^2} \, . \, dp \, . \, dq.$$

Eine beliebige Linie auf der Fläche, die zu keinem jener beiden Systeme gehört, entsteht, wenn man $p$ und $q$ als Functionen einer neuen Veränderlichen, oder eine von beiden als Function der andern auffasst. Es sei $s$ die Länge einer solchen Curve, von einem beliebigen Anfangspunkte an gerechnet und beliebig nach einer oder der andern Seite als positiv betrachtet. Es bezeichne $\theta$ den Winkel, welchen das Element

$$ds = \sqrt{Edp^2 + 2Fdp\,dq + Gdq^2}$$

mit der durch den Anfangspunkt des Elements gelegten Linie des ersten Systems bildet, und zwar soll, damit kein Doppelsinn möglich ist, dieser Winkel stets als von der Seite jener Linie, auf der die Werthe von $p$ wachsen, anfangend und nach der Seite hin als positiv angenommen werden, nach der die Werthe von $q$ wachsen. Nach diesen Festsetzungen übersieht man leicht, dass

$$\cos \theta \, . \, ds = \sqrt{E} \, . \, dp + \sqrt{G} \, . \cos \omega \, . \, dq = \frac{Edp + Fdq}{\sqrt{E}},$$

$$\sin \theta \, . \, ds = \sqrt{G} \, . \sin \omega \, . \, dq = \frac{\sqrt{EG - F^2} \, . \, dq}{\sqrt{E}}$$

ist.

18.

Es soll nun die Bedingung dafür gesucht werden, dass diese Linie eine kürzeste ist. Da die Länge von $s$ durch das Integral

$$s = \int \sqrt{Edp^2 + 2Fdp\,dq + Gdq^2}$$

ausgedrückt wird, so erfordert die Bedingung des Minimums, dass die durch eine unendlich kleine Aenderung in der Lage der Linie entstehende Variation $= 0$ werde. Die zum Ziele führende Rechnung wird in diesem Falle am zweckmässigsten durchgeführt, wenn $p$ als Function von $q$ betrachtet wird. Somit ist, wenn die Variation durch die Charakteristik $\delta$ bezeichnet wird, [128]

$$\delta s = \int \frac{\left(\frac{\partial E}{\partial p} dp^2 + 2\frac{\partial F}{\partial p} dp\,dq + \frac{\partial G}{\partial p} dq^2\right)\delta p + (2Edp + 2Fdq)\,d\delta p}{2ds}$$

$$= \frac{Edp + Fdq}{ds}\,\delta p$$

$$+ \int \delta p \left\{ \frac{\frac{\partial E}{\partial p} dp^2 + 2\frac{\partial F}{\partial p} dp\,dq + \frac{\partial G}{\partial p} \partial q^2}{2ds} - d\left(\frac{Edp + Fdq}{ds}\right)\right\},$$

und es muss bekanntlich das, was hier unter dem Integralzeichen steht, unabhängig von $\delta p$ verschwinden. Es wird daher

$$\frac{\partial E}{\partial p} dp^2 + 2\frac{\partial F}{\partial p} dp\,dq + \frac{\partial G}{\partial p} dq^2 = 2ds\,.\,d\left(\frac{Edp + Fdq}{ds}\right)$$

$$= 2ds\,.\,d(\sqrt{E}\,.\cos\theta) = \frac{ds\,.\,dE\,.\cos\theta}{\sqrt{E}} - 2ds\,.\,d\theta\,.\sqrt{E}\,.\sin\theta$$

$$= \frac{Edp + Fdq}{E}\,.\,dE - 2\sqrt{EG - F^2}\,.\,dq\,.\,d\theta$$

$$= \frac{Edp + Fdq}{E}\left(\frac{\partial E}{\partial p} dp + \frac{\partial E}{\partial q} dq\right) - 2\sqrt{EG - F^2}\,.\,dq\,.\,d\theta.$$

Hieraus ergiebt sich folgende Bedingungsgleichung für eine kürzeste Linie:

$$\sqrt{EG - F^2}\,.\,d\theta = \frac{1}{2}\frac{F}{E}\frac{\partial E}{\partial p} dp + \frac{1}{2}\frac{F}{E}\frac{\partial E}{\partial q} dq + \frac{1}{2}\frac{\partial E}{\partial q} dp - \frac{\partial F}{\partial p} dp - \frac{1}{2}\frac{\partial G}{\partial p} dq;$$

dieselbe kann man auch so schreiben:

$$\sqrt{EG-F^2}\,.\,d\theta=\frac{1}{2}\frac{F}{E}dE+\frac{1}{2}\frac{\partial E}{\partial q}dp-\frac{\partial F}{\partial p}dp-\frac{1}{2}\frac{\partial G}{\partial p}dq.$$

Uebrigens könnte man mit Hülfe der Gleichung

$$\operatorname{cotg}\theta=\frac{E}{\sqrt{EG-F^2}}\cdot\frac{dp}{dq}+\frac{F}{\sqrt{EG-F^2}}$$

[129] aus jener Gleichung den Winkel $\theta$ eliminiren und so eine Differentialgleichung zwischen $p$ und $q$ ableiten; diese würde jedoch complicirter und bei den Anwendungen von geringerem Nutzen sein, als die vorstehende.

## 19.

Die allgemeinen Formeln für das Krümmungsmaass und für die Richtungsänderung einer kürzesten Linie, die in den Artikeln 11, 18 abgeleitet sind, werden viel einfacher, wenn die Grössen $p$, $q$ so gewählt sind, dass die Linien des ersten Systems die des zweiten überall senkrecht schneiden, d. h. dass allgemein $\omega=90^\circ$ oder $F=0$ ist. Dann ergiebt sich nämlich für das Krümmungsmaass

$$4E^2G^2k=E\frac{\partial E}{\partial q}\frac{\partial G}{\partial q}+E\left(\frac{\partial G}{\partial p}\right)^2+G\frac{\partial E}{\partial p}\frac{\partial G}{\partial p}+G\left(\frac{\partial E}{\partial q}\right)^2$$
$$-2EG\left(\frac{\partial^2 E}{\partial q^2}+\frac{\partial^2 G}{\partial p^2}\right),$$

und für die Aenderung des Winkels $\theta$

$$\sqrt{EG}\cdot d\theta=\frac{1}{2}\frac{\partial E}{\partial q}dp-\frac{1}{2}\frac{\partial G}{\partial p}dq.$$

Unter den verschiedenen Fällen, in denen die obige Orthogonalitätsbedingung erfüllt ist, nimmt den ersten Platz der ein, wo alle Linien des einen der beiden Systeme, z. B. des ersten, kürzeste Linien sind. Hier wird für einen constanten Werth von $q$ der Winkel $\theta=0$, die eben aufgestellte Gleichung für die Aenderung des Winkels $\theta$ lehrt daher, dass $\frac{\partial E}{\partial q}=0$ oder der Coefficient $E$ von $q$ unabhängig sein muss, d. h. $E$ muss entweder constant oder eine Function von $p$ allein sein. Am einfachsten ist es, für $p$ die Länge einer Linie des ersten Systems zu wählen, und dieselbe, falls alle Linien des ersten Systems in einem Punkte zusammenlaufen, von diesem Punkte ab zu rechnen, oder, wenn ein gemeinsamer Schnittpunkt nicht existirt, von irgend einer Linie des zweiten Systems ab. Aus diesen Festsetzungen erhellt, dass $p$ und $q$ jetzt dasselbe bezeichnen, was in den Artikeln 15, 16 durch $r$ und $\varphi$ ausgedrückt war, und [**130**] dass $E = 1$ wird. Damit gehen die beiden vorhergehenden Formeln in folgende über:

$$4G^2k = \left(\frac{\partial G}{\partial p}\right)^2 - 2G\frac{\partial^2 G}{\partial p^2},$$

$$\sqrt{G}\,.\,d\theta = -\frac{1}{2}\frac{\partial G}{\partial p}dq,$$

oder, wenn man $\sqrt{G} = m$ setzt,

$$k = -\frac{1}{m}\frac{\partial^2 m}{\partial p^2}, \quad d\theta = -\frac{\partial m}{\partial p}dq.$$

Allgemein zu reden, wird $m$ eine Function von $p$ und $q$ und $mdq$ der Ausdruck für das Bogenelement einer Linie des zweiten Systems. In dem besonderen Falle aber, wo alle Linien $p$ von demselben Punkte ausgehen, muss offenbar für $p = 0$ auch $m = 0$ sein; wenn man ferner in diesem Falle für $q$ den Winkel selbst wählt, den das erste Element irgend einer Linie des ersten Systems mit dem ersten Element einer andern, beliebig gewählten Linie bildet, so wird für einen unendlich kleinen Werth von $p$ das Element einer Linie des zweiten Systems (die dann als ein mit dem Radius $p$ beschriebener Kreis angesehen werden kann) gleich $pdq$, und daher wird für einen unendlich kleinen Werth von $p$ auch $m = p$; mithin wird für $p = 0$ gleichzeitig $m = 0$ und $\frac{\partial m}{\partial p} = 1$.

20.

Wir wollen vorläufig noch dieselbe Annahme beibehalten, dass nämlich $p$ die Länge einer kürzesten Linie bezeichnet, die von einem bestimmten Punkte $A$ nach einem beliebigen Punkte der Fläche gezogen ist, und $q$ den Winkel, den das erste Element dieser Linie mit dem ersten irgend einer andern von $A$ ausgehenden kürzesten Linie bildet. Es sei $B$ ein bestimmter Punkt auf der Linie, für welche $q = 0$ ist, und $C$ ein anderer bestimmter Punkt der Fläche, für welchen der Werth von $q$ einfach durch $A$ bezeichnet werden soll. Die Punkte $B$ und $C$ mögen durch eine kürzeste Linie verbunden sein; irgend ein Stück derselben, von $B$ an gerechnet, soll wie in Art. 18 mit $s$ bezeichnet werden, desgleichen, genau ebenso wie dort, mit $\theta$ der Winkel, [131] den irgend ein Element $ds$ mit $dp$ bildet: endlich mit $\theta^0$ und $\theta'$ die Werthe des Winkels $\theta$ in den Punkten $B$ und $C$. Man hat dann auf der krummen Fläche ein von kürzesten Linien begrenztes Dreieck, und von den Winkeln bei $B$ und $C$, die einfach mit diesen Buchstaben bezeichnet werden sollen, wird der erste die Ergänzung des Winkels $\theta^0$ zu $180^0$, während der zweite $\theta'$ selber ist. Da indessen bei unsern Entwickelungen, wie üblich, alle Winkel nicht in Graden, sondern durch blosse Zahlen ausgedrückt werden, so dass der Winkel $57^0\,17'\,45''$, zu welchem ein dem Radius gleicher Bogen gehört, als Einheit genommen wird, so muss, falls $2\pi$ den Kreisumfang bezeichnet,

$$\theta^0 = \pi - B, \quad \theta' = C$$

gesetzt werden. Es soll nun die Gesammtkrümmung dieses Dreiecks bestimmt werden; dieselbe ist

$$= \int k\, d\sigma,$$

falls $d\sigma$ ein Flächenelement des Dreiecks ist. Da nun dies Element durch $m\,dp\,dq$ ausgedrückt wird, so muss man das Integral

$$\iint k\, m\, dp\, dq,$$

über die ganze Dreiecksfläche ausgedehnt, ermitteln. Wird zuerst nach $p$ integrirt, so ergiebt sich, da

$$k = -\frac{1}{m}\frac{\partial^2 m}{\partial p^2}$$

ist,

$$dq\left(\text{Const.} - \frac{\partial m}{\partial p}\right)$$

als Gesammtkrümmung der Fläche, die zwischen den Linien des ersten Systems liegt, denen die Werthe $q$ und $q + dq$ zugehören: da diese Krümmung für $p = 0$ verschwinden muss, so muss die Integrationsconstante gleich dem Werthe von $\frac{\partial m}{\partial p}$ für $p = 0$, d. h. gleich 1 sein. Das vorige Resultat ist daher

$$dq\left(1-\frac{\partial m}{\partial p}\right),$$

wo man für $\frac{\partial m}{\partial p}$ den Werth nehmen muss, der zu der auf der Linie $BC$ gelegenen Grenze der in Rede stehenden Fläche gehört. Auf dieser Linie aber wird nach dem vorhergehenden Artikel

$$\frac{\partial m}{\partial p}\cdot dq = -\,d\theta,$$

wodurch der fragliche Ausdruck sich in $dq + d\theta$ umwandelt. Da noch eine zweite von $q = 0$ bis $q = A$ zu erstreckende Integration hinzukommt, so ergiebt sich die Gesammtkrümmung des Dreiecks

$$= A + \theta' - \theta^0 = A + B + C - \pi.$$

[132] Die Gesammtkrümmung ist gleich dem Flächeninhalte des Theiles der Kugelfläche, welcher dem Dreieck entspricht, mit dem positiven oder negativen Zeichen genommen, je nachdem die Fläche, auf der das Dreieck liegt, concav-concav oder concav-convex ist. Als Flächeneinheit ist dabei das Quadrat zu nehmen, dessen Seite $= 1$ (gleich dem Kugelradius) ist, wonach die ganze Kugelfläche $= 4\pi$ wird. Es verhält sich daher der Theil der Kugelfläche, welcher dem Dreieck entspricht, zur Fläche der ganzen Kugel wie $\pm\,(A + B + C - \pi)$ zu $4\pi$. Dieser Satz, der zweifellos zu den elegantesten in der Flächentheorie gehört, kann auch folgendermaassen ausgesprochen werden:

Der Ueberschuss der Winkelsumme eines von kürzesten Linien auf einer concav-concaven Fläche gebildeten Dreiecks über 180°, oder der Fehlbetrag der Winkelsumme eines von kürzesten Linien auf einer concav-convexen Fläche gebildeten Dreiecks an 180° wird gemessen durch den Flächeninhalt desjenigen Theils einer Kugelfläche, der jenem Dreieck bei Abbildung durch gleichgerichtete Normalen entspricht, falls die ganze Kugelfläche = 720° gesetzt wird.

Allgemeiner ist in jedem Polygon von $n$ Seiten, deren jede eine kürzeste Linie bildet, der Ueberschuss der Winkelsumme über $(2n - 4)$ Rechte oder der Fehlbetrag an $(2n - 4)$ Rechten, je nach der Art der Flächenkrümmung, gleich dem Flächeninhalt des entsprechenden Polygons auf der Kugelfläche, falls die ganze Oberfläche der Kugel $= 720^0$ gesetzt wird. Es ergiebt sich dies unmittelbar aus dem vorhergehenden Satze durch Zerlegung des Polygons in Dreiecke.

21.

Es sollen jetzt wiederum die Zeichen $p$, $q$, $E$, $F$, $G$, $\omega$ in dem allgemeinen Sinne gebraucht werden, in dem sie oben angewandt waren; es werde ferner angenommen, dass die betrachtete Fläche noch auf eine andere Weise durch zwei Variable $p'$, $q'$ bestimmt werden kann, wobei das Bogenelement durch

$$\sqrt{E'dp'^2 + 2F'dp'dq' + G'dq'^2}$$

ausgedrückt werde. [133] Dann gehören zu jedem Punkte der Fläche, welcher durch bestimmte Werthe der Variabeln $p$, $q$ gegeben ist, auch bestimmte Werthe von $p'$, $q'$, weshalb diese letzteren Functionen von $p$ und $q$ sind. Ihre Differentiation möge ergeben

$$dp' = \alpha\, dp + \beta\, dq,$$
$$dq' = \gamma\, dp + \delta\, dq.$$

Es soll die geometrische Bedeutung der Coefficienten $\alpha$, $\beta$, $\gamma$, $\delta$ gesucht werden. Man muss dazu vier Systeme von Linien auf der krummen Fläche ins Auge fassen, für welche resp. $q$, $p$, $q'$, $p'$ constant sind. Denkt man durch einen bestimmten Punkt, welchem die Werthe $p$, $q$, $p'$, $q'$ der Variabeln zugehören, die vier Linien gezogen, welche je einem jener Systeme angehören, so werden die den positiven Aenderungen $dp$, $dq$, $dp'$, $dq'$ entsprechenden Elemente derselben

$$\sqrt{E}\,.\,dp, \quad \sqrt{G}\,.\,dq, \quad \sqrt{E'}\,.\,dp', \quad \sqrt{G'}\,.\,dq'.$$

Die Winkel, welche die Richtungen dieser Elemente mit einer willkürlich gewählten festen Richtung bilden, sollen mit $M$, $N$, $M'$, $N'$ bezeichnet werden, wobei die Winkel nach der Seite hin als wachsend angenommen werden, auf welcher das zweite Element von dem ersten aus liegt, so dass $\sin(N - M)$ eine positive Grösse wird: es werde ausserdem (was ohne weiteres freisteht) angenommen, dass das vierte Element in Bezug auf das dritte die gleiche Lage hat, so dass auch $\sin(N' - M')$ positiv ist. Wird nach diesen Festsetzungen ein andrer Punkt ins Auge gefasst, der von dem ersten eine unendlich kleine Entfernung hat, und dem die Werthe $p + dp$, $q + dq$, $p' + dp'$, $q' + dq'$ der Variabeln zugehören, so sieht man ohne Mühe, dass allgemein, d. h. unabhängig von den Werthen der Variationen $dp$, $dq$, $dp'$, $dq'$,

$$\begin{aligned}&\sqrt{E}\,.\,dp\,.\,\sin M + \sqrt{G}\,.\,dq\,.\,\sin N\\ &= \sqrt{E'}\,.\,dp'\,.\,\sin M' + \sqrt{G'}\,.\,dq'\,.\,\sin N'\end{aligned}$$

ist; beide Ausdrücke sind ja nichts anderes, als der Abstand des neuen Punktes von der Linie, an der die obigen Winkel sämmtlich ihren Anfang nehmen. Nach einer schon früher eingeführten Bezeichnung ist aber

$$N - M = \omega,$$

und analog werde

$$N' - M' = \omega',$$

ausserdem

$$N - M' = \psi$$

gesetzt. Dann kann die eben gefundene Gleichung folgendermaassen ausgedrückt werden: [**134**]

$$\begin{aligned}&\sqrt{E}\,.\,dp\,.\,\sin(M' - \omega + \psi) + \sqrt{G}\,.\,dq\,.\,\sin(M' + \psi)\\ &= \sqrt{E'}\,.\,dp'\,.\,\sin M' + \sqrt{G'}\,.\,dq'\,.\,\sin(M' + \omega')\end{aligned}$$

oder auch

$$\begin{aligned}&\sqrt{E}\,.\,dp\,.\,\sin(N' - \omega - \omega' + \psi) + \sqrt{G}\,.\,dq\,.\,\sin(N' - \omega' + \psi)\\ &= \sqrt{E'}\,.\,dp'\,.\,\sin(N' - \omega') + \sqrt{G'}\,.\,dq'\,.\,\sin N'.\end{aligned}$$

Da diese Gleichung offenbar unabhängig von der Anfangsrichtung stattfinden muss, so kann man letztere willkürlich annehmen. Setzt man daher in der zweiten Form $N' = 0$ oder in der ersten $M' = 0$, so erhält man folgende Gleichungen:

$$\begin{aligned}&\sqrt{E'}\,.\,\sin\omega'\,.\,dp'\\ &= \sqrt{E}\,.\,\sin(\omega + \omega' - \psi)\,.\,dp + \sqrt{G}\,.\,\sin(\omega' - \psi)\,.\,dq,\\ &\sqrt{G'}\,.\,\sin\omega'\,.\,dq' = \sqrt{E}\,.\,\sin(\psi - \omega)\,.\,dp + \sqrt{G}\,.\,\sin\psi\,.\,dq;\end{aligned}$$

und diese Gleichungen ergeben, da sie mit den Gleichungen

$$\begin{aligned}dp' &= \alpha\,dp + \beta\,dq,\\ dq' &= \gamma\,dp + \delta\,dq\end{aligned}$$

identisch sein müssen, die zu bestimmenden Coefficienten $\alpha$, $\beta$, $\gamma$, $\delta$. Dieselben werden

$$\alpha = \sqrt{\frac{E}{E'}} \cdot \frac{\sin(\omega + \omega' - \psi)}{\sin \omega'}, \quad \beta = \sqrt{\frac{G}{E'}} \cdot \frac{\sin(\omega' - \psi)}{\sin \omega'},$$

$$\gamma = \sqrt{\frac{E}{G'}} \cdot \frac{\sin(\psi - \omega)}{\sin \omega'}, \quad \delta = \sqrt{\frac{G}{G'}} \cdot \frac{\sin \psi}{\sin \omega'}.$$

Mit diesen muss man die Gleichungen

$$\cos \omega = \frac{F}{\sqrt{EG}}, \quad \cos \omega' = \frac{F}{\sqrt{E'G'}},$$

$$\sin \omega = \sqrt{\frac{EG - F^2}{EG}}, \quad \sin \omega' = \sqrt{\frac{E'G' - F'^2}{E'G'}}$$

verbinden, und daher können die vier obigen Gleichungen auch so geschrieben werden:

$$\alpha \sqrt{E'G' - F'^2} = \sqrt{EG'} \cdot \sin(\omega + \omega' - \psi),$$

$$\beta \sqrt{E'G' - F'^2} = \sqrt{GG'} \cdot \sin(\omega' - \psi),$$

$$\gamma \sqrt{E'G' - F'^2} = \sqrt{EE'} \cdot \sin(\psi - \omega),$$

$$\delta \sqrt{E'G' - F'^2} = \sqrt{GE'} \cdot \sin \psi.$$

Da durch die Substitution von

$$dp' = \alpha\, dp + \beta\, dq, \quad dq' = \gamma\, dp + \delta\, dq$$

[135] das Trinom

$$E' dp'^2 + 2F' dp' dq' + G' dq'^2$$

in

$$E dp^2 + 2F dp\, dq + G dq^2$$

übergehen muss, so erhält man

$$EG - F^2 = (E'G' - F'^2)(\alpha\delta - \beta\gamma)^2.$$

Umgekehrt muss das letztere Trinom wieder in das erste übergehen durch die Substitution

$$(\alpha\delta - \beta\gamma)\, dp = \delta\, dp' - \beta\, dq',$$

$$(\alpha\delta - \beta\gamma)\, dq = -\gamma\, dp' + \alpha\, dq',$$

und daher ergiebt sich

$$E\delta^2 - 2F\gamma\delta + G\gamma^2 = \frac{EG - F^2}{E'G' - F'^2} \cdot E',$$

$$-E\beta\delta + F(\alpha\delta+\beta\gamma) - G\alpha\gamma = \frac{EG-F^2}{E'G'-F'^2}\cdot F',$$

$$E\beta^2 - 2F\alpha\beta + G\alpha^2 = \frac{EG-F^2}{E'G'-F'^2}\cdot G'.$$

## 22.

An die allgemeine Untersuchung des vorhergehenden Artikels soll eine nahe liegende Anwendung angeknüpft werden, bei der, während $p$, $q$ noch ihre allgemeine Bedeutung behalten, für $p'$, $q'$ die in Art. 15 mit $r$, $\varphi$ bezeichneten Grössen genommen werden sollen; auch sollen diese Buchstaben beibehalten werden, so dass für jeden Punkt der Fläche $r$ seine kürzeste Entfernung von einem bestimmten Punkte ist und $\varphi$ der Winkel, welchen im letzteren Punkte das erste Element von $r$ mit einer festen Richtung bildet. Dann ist

$$E' = 1,\ F' = 0,\ \omega' = 90^{\circ}.$$

Es werde ausserdem

$$\sqrt{G'} = m$$

gesetzt, so dass irgend ein Bogenelement

$$= \sqrt{dr^2 + m^2 d\varphi^2}$$

wird. Dann geben die vier im vorhergehenden Artikel für $\alpha$, $\beta$, $\gamma$, $\delta$ entwickelten Gleichungen:

$$1)\quad \sqrt{E}\,.\cos(\omega-\psi) = \frac{\partial r}{\partial p},$$

$$2)\quad \sqrt{G}\,.\cos\psi = \frac{\partial r}{\partial q},$$

$$3)\quad \sqrt{E}\,.\sin(\psi-\omega) = m\cdot\frac{\partial\varphi}{\partial p},$$ [136]

$$4)\quad \sqrt{G}\,.\sin\psi = m\cdot\frac{\partial\varphi}{\partial q}$$

Die letzte und vorletzte Gleichung des vorhergehenden Artikels aber giebt

$$5)\quad EG - F^2 = E\left(\frac{\partial r}{\partial q}\right)^2 - 2F\frac{\partial r}{\partial p}\frac{\partial r}{\partial q} + G\left(\frac{\partial r}{\partial p}\right)^2,$$

$$6)\quad \left(E\frac{\partial r}{\partial q} - F\frac{\partial r}{\partial p}\right)\frac{\partial\varphi}{\partial q} = \left(F\frac{\partial r}{\partial q} - G\frac{\partial r}{\partial p}\right)\frac{\partial\varphi}{\partial p}.$$

Aus diesen Gleichungen können die Grössen $r$, $\varphi$, $\psi$ und (falls es nöthig ist) $m$ durch $p$ und $q$ bestimmt werden: die Integration der Gleichung 5) ergiebt nämlich $r$, und wenn dies gefunden, liefert die Integration der Gleichung 6) $\varphi$, ferner eine der beiden Gleichungen 1), 2) $\psi$; endlich erhält man $m$ aus einer der beiden Gleichungen 3), 4).

Die allgemeine Integration der Gleichungen 5), 6) muss nothwendig zwei willkürliche Functionen ergeben, deren Bedeutung man leicht erkennt, wenn man erwägt, dass die Gültigkeit jener Gleichungen nicht auf den hier betrachteten Fall beschränkt ist, sondern dass dieselben eben so gelten, wenn $r$ und $\varphi$ in der allgemeinen Bedeutung des Art. 16 genommen werden, so dass $r$ die Länge einer kürzesten Linie ist, die zu einer bestimmt gegebenen, aber an sich willkürlichen Curve senkrecht gezogen ist, und $\varphi$ eine willkürliche Function der Länge desjenigen Theiles dieser Curve, der zwischen einer unbestimmten Kürzesten und einem bestimmten, willkürlich zu wählenden Punkte liegt. Die allgemeine Lösung muss nun alles dies unbestimmt lassen, und die willkürlichen Functionen gehen erst dann in bestimmte über. wenn jene willkürliche Curve und die Function von Theilen derselben, die $\varphi$ darstellen soll, vorgeschriebene Werthe annehmen. In unserm Falle ist an Stelle der Curve der unendlich kleine Kreis zu nehmen, der seinen Mittelpunkt in dem Punkte hat, von dem aus die Längen $r$ gerechnet werden, und $\varphi$ bezeichnet Theile dieses Kreises, durch den Radius dividirt; daraus kann man leicht schliessen, dass die Gleichungen 5), 6) für unsern Fall völlig hinreichen, wenn nur über das, was unbestimmt bleibt, so verfügt wird, dass $r$ und $\varphi$ für jenen Anfangspunkt und die demselben unendlich nahen Punkte den obigen Festsetzungen entsprechen.

[**137**] Was übrigens die Integration der Gleichungen 5), 6) betrifft, so kann man dieselbe bekanntlich auf die Integration gewöhnlicher Differentialgleichungen reduciren; doch sind dieselben meist so verwickelt, dass daraus wenig Nutzen entspringt. Dagegen unterliegt die Entwickelung in Reihen, welche für praktische Bedürfnisse völlig ausreichend sind, so lange es sich um nicht allzugrosse Theile einer Fläche handelt, keiner Schwierigkeit, und damit eröffnen die aufgestellten Formeln eine ergiebige Quelle zur Lösung vieler sehr wichtiger Aufgaben. Hier soll indessen nur ein einziges Beispiel entwickelt werden, um das Wesen der Methode klar zu legen.

## 23.

Wir wollen den Fall betrachten, wo alle Linien, für die $p$ constant ist, kürzeste Linien sind, welche die Linie, für welche $\varphi = 0$ ist, und die wir gewissermaassen als Abscissenaxe ansehen können, senkrecht schneiden. Es sei $A$ der Punkt, für den $r = 0$ ist, $D$ ein unbestimmter Punkt auf der Abscissenaxe $AD = p$, $B$ ein unbestimmter Punkt auf der kürzesten Linie, die auf $AD$ in $D$ senkrecht steht, und $BD = q$, so dass $p$ gewissermaassen als Abscisse, $q$ als Ordinate des Punktes $B$ angesehen werden kann. Die Abscissen nehmen wir positiv auf dem Zweige der Abscissenaxe, dem $\varphi = 0$ zugehört, während wir $r$ stets als positive Grösse betrachten; die Ordinaten nehmen wir als positiv auf der Seite an, auf welcher $\varphi$ von 0 bis 180° wächst.

Nach dem Satz des Art. 16 haben wir

$$\omega = 90^\circ, \quad F = 0, \text{ ferner } G = 1;$$

dazu setzen wir

$$\sqrt{E} = n.$$

Dann wird $n$ eine Function von $p$ und $q$, und zwar eine solche, die $= 1$ werden muss für $q = 0$. Die Anwendung der in Art. 18 aufgestellten Formel auf unsern Fall zeigt, dass für jede kürzeste Linie

$$d\theta = \frac{\partial n}{\partial q} \cdot dp$$

sein muss, falls $\theta$ der Winkel zwischen dem Element der Kürzesten und demjenigen Curvenelement ist, für welches $q$ constant ist: da nun die Abscissenaxe selbst eine Kürzeste und für dieselbe überall $\theta = 0$ ist, so erhellt, dass für $q = 0$ überall $\frac{\partial n}{\partial q} = 0$ werden muss. [**138**] Daraus schliessen wir, dass, wenn $n$ in eine nach Potenzen von $q$ fortschreitende Reihe entwickelt wird, diese die folgende Form haben muss:

$$n = 1 + fq^2 + gq^3 + hq^4 + \text{etc.},$$

wo $f$, $g$, $h$ etc. Functionen von $p$ sind, und zwar setzen wir:

$$f = f_0 + f_1 p + f_2 p^2 + \text{etc.},$$
$$g = g_0 + g_1 p + g_2 p^2 + \text{etc.},$$
$$h = h_0 + h_1 p + h_2 p^2 + \text{etc.}$$

oder

$$
\begin{aligned}
n = 1 &+ f_0 q^2 + f_1 p q^2 + f_2 p^2 q^2 + \text{etc.} \\
&+ g_0 q^3 + g_1 p q^3 + \text{etc.} \\
&+ h_0 q^4 + \text{etc.}
\end{aligned}
$$

## 24.

Die Gleichungen des Artikels 22 geben in unserm Falle

$$n \sin \psi = \frac{\partial r}{\partial p}, \quad \cos \psi = \frac{\partial r}{\partial q}, \quad -n \cos \psi = m \frac{\partial \varphi}{\partial p}, \quad \sin \psi = m \frac{\partial \varphi}{\partial q},$$

$$n^2 = n^2 \left(\frac{\partial r}{\partial q}\right)^2 + \left(\frac{\partial r}{\partial p}\right)^2, \quad n^2 \frac{\partial r}{\partial q} \frac{\partial \varphi}{\partial q} + \frac{\partial r}{\partial p} \frac{\partial \varphi}{\partial p} = 0.$$

Mit Hülfe dieser Gleichungen, deren fünfte und sechste bereits in den andern enthalten sind, können Reihen für $r$, $\varphi$, $\psi$, $m$ oder für irgend welche Functionen dieser Grössen entwickelt werden; von diesen Reihen wollen wir diejenigen, die vor allem der Beachtung werth sind, hier aufstellen.

Da für unendlich kleine Werthe von $p$, $q$

$$r^2 = p^2 + q^2$$

werden muss, so wird die Reihe für $r^2$ mit dem Gliede $p^2 + q^2$ beginnen: die Glieder höherer Ordnung erhalten wir nach der Methode der unbestimmten Coefficienten*) mit Hülfe der Gleichung

$$\left(\frac{1}{n} \frac{\partial (r^2)}{\partial p}\right)^2 + \left(\frac{\partial (r^2)}{\partial q}\right)^2 = 4 r^2.$$

[**139**] So ergiebt sich

$$
\begin{aligned}
[1] \quad r^2 = p^2 &+ \tfrac{2}{3} f_0 p^2 q^2 + \tfrac{1}{2} f_1 p^3 q^2 + (\tfrac{2}{5} f_2 - \tfrac{4}{45} f_0^2) p^4 q^2 \\
+ q^2 & \qquad\qquad + \tfrac{1}{2} g_0 p^2 q^3 + \tfrac{2}{5} g_1 p^3 q^3 \\
& \qquad\qquad\qquad + (\tfrac{2}{5} h_0 - \tfrac{7}{45} f_0^2) p^2 q^4 \\
& + \text{etc.}
\end{aligned}
$$

Aus der Formel

$$r \sin \psi = \frac{1}{2n} \cdot \frac{\partial (r^2)}{\partial p}$$

erhält man ferner

*) Die Rechnung, die durch einige Kunstgriffe etwas abgekürzt werden kann, hier auszuführen, haben wir für überflüssig gehalten.

$$[2]\quad r\sin\psi = p - \tfrac{1}{3}f_0 pq^2 - \tfrac{1}{4}f_1 p^2q^2 - (\tfrac{1}{5}f_2 + \tfrac{8}{45}f_0{}^2)\,p^3q^2 - \tfrac{1}{2}g_0\, pq^3 - \tfrac{2}{5}g_1 p^2q^3 - (\tfrac{3}{5}h_0 - \tfrac{8}{45}f_0{}^2)\,pq^4 + \text{etc.}$$

und aus $r\cos\psi = \frac{1}{2}\,\frac{\partial(r^2)}{\partial q}$

$$[3]\quad r\cos\psi = q + \tfrac{2}{3}f_0 p^2q + \tfrac{1}{2}f_1 p^3q + (\tfrac{2}{5}f_2 - \tfrac{4}{45}f_0{}^2)\,p^4q + \tfrac{3}{4}g_0 p^2q^2 + \tfrac{3}{5}g_1 p^3q^2 + (\tfrac{4}{5}h_0 - \tfrac{14}{45}f_0{}^2)\,p^2q^3 + \text{etc.}$$

Hiermit ist zugleich der Winkel $\psi$ bestimmt. Ebenso werden zur Berechnung des Winkels $\varphi$ am zweckmässigsten die Reihen für $r\cos\varphi$ und $r\sin\varphi$ entwickelt; dazu dienen die partiellen Differentialgleichungen:

$$\frac{\partial(r\cos\varphi)}{\partial p} = n\cos\varphi\sin\psi - r\sin\varphi\cdot\frac{\partial\varphi}{\partial p},$$

$$\frac{\partial(r\cos\varphi)}{\partial q} = \cos\varphi\cos\psi - r\sin\varphi\cdot\frac{\partial\varphi}{\partial q},$$

$$\frac{\partial(r\sin\varphi)}{\partial p} = n\sin\varphi\sin\psi + r\cos\varphi\cdot\frac{\partial\varphi}{\partial p},$$

$$\frac{\partial(r\sin\varphi)}{\partial q} = \sin\varphi\cos\psi + r\cos\varphi\cdot\frac{\partial\varphi}{\partial q},$$

$$n\cos\psi\cdot\frac{\partial\varphi}{\partial q} + \sin\psi\cdot\frac{\partial\varphi}{\partial p} = 0;$$

eine Combination derselben ergiebt:

$$\frac{r\sin\psi}{n}\cdot\frac{\partial(r\cos\varphi)}{\partial p} + r\cos\psi\cdot\frac{\partial(r\cos\varphi)}{\partial q} = r\cos\varphi,$$

[**140**] $$\frac{r\sin\psi}{n}\cdot\frac{\partial(r\sin\varphi)}{\partial p} + r\cos\psi\cdot\frac{\partial(r\sin\varphi)}{\partial q} = r\sin\varphi.$$

Hieraus werden die Reihen für $r\cos\varphi$, $r\sin\varphi$, deren erste Glieder offenbar $p$, $q$ sein müssen, hergeleitet, nämlich

$$[4]\quad r\cos\varphi = p + \tfrac{2}{3}f_0 pq^2 + \tfrac{5}{12}f_1 p^2q^2 + (\tfrac{3}{10}f_2 - \tfrac{8}{45}f_0{}^2)\,p^3q^2 + \tfrac{1}{2}g_0 pq^3 + \tfrac{7}{20}g_1 p^2q^3 + (\tfrac{2}{5}h_0 - \tfrac{7}{45}f_0{}^2)\,pq^4 + \text{etc.}$$

$$
\begin{aligned}
[5]\quad r \sin\varphi = q - \tfrac{1}{3} f_0 p^2 q - \tfrac{1}{6} f_1 p^3 q & - (\tfrac{1}{10} f_2 - \tfrac{7}{90} f_0{}^2) p^4 q \\
& - \tfrac{1}{4} g_0 p^2 q^2 - \tfrac{3}{20} g_1 p^3 q^2 \\
& - (\tfrac{1}{5} h_0 + \tfrac{13}{90} f_0{}^2) p^2 q^3 \\
& + \text{etc.}
\end{aligned}
$$

Aus den Gleichungen [2], [3], [4], [5] könnte man eine Reihe für $r^2 \cos(\varphi + \psi)$ und daraus durch Division mit der Reihe [1] eine Reihe für $\cos(\psi + \varphi)$ ableiten, und von der letzteren könnte man zu einer Reihe für den Winkel $\psi + \varphi$ selbst gelangen. Eleganter erhält man jedoch diese Reihe auf folgende Weise: Differentiiren wir die erste und zweite von den Gleichungen, die am Anfang dieses Artikels aufgestellt sind, so erhalten wir

$$\sin\psi \cdot \frac{\partial n}{\partial q} + n \cos\psi \cdot \frac{\partial \psi}{\partial q} + \sin\psi \cdot \frac{\partial \psi}{\partial p} = 0;$$

verbinden wir damit die Gleichung

$$n \cos\psi \cdot \frac{\partial \varphi}{\partial q} + \sin\psi \cdot \frac{\partial \varphi}{\partial p} = 0,$$

so entsteht

$$\frac{r \sin\psi}{n} \cdot \frac{\partial n}{\partial q} + \frac{r \sin\psi}{n} \cdot \frac{\partial(\psi + \varphi)}{\partial p} + r \cos\psi \cdot \frac{\partial(\psi + \varphi)}{\partial q} = 0.$$

Aus dieser Gleichung können wir mittelst der Methode der unbestimmten Coefficienten leicht die Reihe für $\psi + \varphi$ herleiten, wenn wir erwägen, dass das erste Glied derselben $\frac{1}{2}\pi$ sein muss, falls der Radius als Einheit genommen wird und $2\pi$ den Kreisumfang bezeichnet. Die genannte Reihe wird

$$
\begin{aligned}
[6]\quad \psi + \varphi = \tfrac{1}{2}\pi - f_0 p q - \tfrac{2}{3} f_1 p^2 q & - (\tfrac{1}{2} f_2 - \tfrac{1}{6} f_0{}^2) p^3 q \\
& - g_0 p q^2 - \tfrac{3}{4} g_1 p^2 q^2 \\
& - (h_0 - \tfrac{1}{3} f_0{}^2) p q^3 \\
& - \text{etc.}
\end{aligned}
$$

[**141**] Es ist der Mühe werth, auch den Flächeninhalt des Dreiecks $ABC$ in eine Reihe zu entwickeln. Zu dieser Entwickelung führt folgende Bedingungsgleichung, die sich aus ziemlich nahe liegenden geometrischen Betrachtungen leicht ableiten lässt, und in der $S$ den gesuchten Flächeninhalt bezeichnet:

$$\frac{r \sin\psi}{n} \cdot \frac{\partial S}{\partial p} + r \cos\psi \cdot \frac{\partial S}{\partial q} = \frac{r \sin\psi}{n} \cdot \int n dq,$$

wobei die Integration mit $q = 0$ beginnt. Daraus erhält man nach der Methode der unbestimmten Coefficienten

[7]

$$
\begin{aligned}
S = {} & \tfrac{1}{2}pq - \tfrac{1}{12}f_0p^3q - \tfrac{1}{20}f_1p^4q - (\tfrac{1}{30}f_2 - \tfrac{1}{60}f_0^2)p^5q \\
& - \tfrac{1}{12}f_0pq^3 - \tfrac{3}{40}g_0p^3q^2 - \tfrac{1}{20}g_1p^4q^2 \\
& - \tfrac{7}{120}f_1p^2q^3 - (\tfrac{1}{15}h_0 + \tfrac{2}{45}f_2 + \tfrac{1}{60}f_0^2)p^3q^3 \\
& - \tfrac{1}{10}g_0pq^4 - \tfrac{3}{40}g_1p^2q^4 \\
& - (\tfrac{1}{10}h_0 - \tfrac{1}{30}f_0^2)pq^5 \\
& - \text{etc.}
\end{aligned}
$$

## 25.

Von den allgemeinen Formeln des vorhergehenden Artikels, die sich auf ein von kürzesten Linien gebildetes rechtwinkliges Dreieck beziehen, schreiten wir zu denen für Dreiecke im allgemeinen fort. Es sei $C$ ein anderer Punkt auf derselben kürzesten Linie $DB$, und für diesen mögen, während $p$ bleibt, die Buchstaben $q'$, $r'$, $\varphi'$, $\psi'$, $S'$ dasselbe bezeichnen, was $q$, $r$, $\varphi$, $\psi$, $S$ für den Punkt $B$ sind. So entsteht ein Dreieck mit den Ecken $A$, $B$, $C$, dessen Winkel mit $A$, $B$, $C$ bezeichnet werden mögen, während die gegenüberliegenden Seiten $a$, $b$, $c$ seien, der Flächeninhalt aber $\sigma$; das Krümmungsmaass in den Punkten $A$, $B$, $C$ soll resp. durch $\alpha$, $\beta$, $\gamma$ ausgedrückt werden. Wird noch (was stets zulässig ist) vorausgesetzt, dass die Grössen $p$, $q$, $q - q'$ positiv sind, so ist

$$
\begin{gathered}
A = \varphi - \varphi', \quad B = \psi, \quad C = \pi - \psi', \\
a = q - q', \quad b = r', \quad c = r, \quad \sigma = S - S'.
\end{gathered}
$$

Vor allem soll der Flächeninhalt $\sigma$ durch eine Reihe dargestellt werden. Vertauscht man in [7] die einzelnen auf $B$ bezüglichen Grössen mit denen, die sich auf $C$ beziehen, so ergiebt sich eine Formel für $S'$, aus der man weiter, bis auf Grössen sechster Ordnung, **[142]**

$$
\begin{aligned}
\sigma = \tfrac{1}{2}p(q - q').\{1 & - \tfrac{1}{6}f_0(p^2 + q^2 + qq' + q'^2) \\
& - \tfrac{1}{60}f_1p(6p^2 + 7q^2 + 7qq' + 7q'^2) \\
& - \tfrac{1}{20}g_0(q + q')(3p^2 + 4q^2 + 4q'^2)\}
\end{aligned}
$$

erhält. Diese Formel geht mit Hülfe der Reihe [2], die

$$
c \sin B = p\{1 - \tfrac{1}{3}f_0q^2 - \tfrac{1}{4}f_1pq^2 - \tfrac{1}{2}g_0q^3 - \cdots\}
$$

ergiebt, in die folgende über:

$$
\begin{aligned}
\sigma = \tfrac{1}{2}ac \sin B.\{1 & - \tfrac{1}{6}f_0(p^2 - q^2 + qq' + q'^2) \\
& - \tfrac{1}{60}f_1p(6p^2 - 8q^2 + 7qq' + 7q'^2) \\
& - \tfrac{1}{20}g_0(3p^2q + 3p^2q' - 6q^3 + 4q^2q' \\
& \qquad + 4qq'^2 + 4q'^3)\}.
\end{aligned}
$$

Das Krümmungsmaass wird für jeden Punkt der Oberfläche (nach Art. 19, wo $m, p, q$ dieselbe Bedeutung hatten, wie hier $n, q, p$)

$$= -\frac{1}{n}\frac{\partial^2 n}{\partial q^2} = -\frac{2f + 6gq + 12hq^2 + \cdots\cdot}{1 + fq^2 + \cdots\cdot}$$

$$= -2f - 6gq - (12h - 2f^2)q^2 - \cdots\cdot$$

Daher wird, da $p$, $q$ sich auf den Punkt $B$ beziehen,

$$\beta = -2f_0 - 2f_1 p - 6g_0 q - 2f_2 p^2 - 6g_1 pq$$
$$- (12h_0 - 2f_0^2)q^2 - \text{etc.},$$

ebenso

$$\gamma = -2f_0 - 2f_1 p - 6g_0 q' - 2f_2 p^2 - 6g_1 p q'$$
$$- (12h_0 - 2f_0^2)q'^2 - \text{etc.},$$

$$\alpha = -2f_0.$$

Setzt man diese Krümmungsmaasse in der Reihe für $\sigma$ ein, so erhält man folgenden Ausdruck, der bis auf Glieder sechster Ordnung (excl.) genau ist:

$$\sigma = \tfrac{1}{2}ac \sin B\{1 + \tfrac{1}{120}\alpha(4p^2 - 2q^2 + 3qq' + 3q'^2)$$
$$+ \tfrac{1}{120}\beta(3p^2 - 6q^2 + 6qq' + 3q'^2)$$
$$+ \tfrac{1}{120}\gamma(3p^2 - 2q^2 + qq' + 4q'^2)\}.$$

Die Genauigkeit bleibt dieselbe, wenn man für $p$, $q$, $q'$ setzt $c \sin B$, $c \cos B$, $c \cos B - a$; dadurch wird [**143**]

$$[8] \quad \sigma = \tfrac{1}{2}ac \sin B\{1 + \tfrac{1}{120}\alpha(3a^2 + 4c^2 - 9ac \cos B)$$
$$+ \tfrac{1}{120}\beta(3a^2 + 3c^2 - 12ac \cos B)$$
$$+ \tfrac{1}{120}\gamma(4a^2 + 3c^2 - 9ac \cos B)\}.$$

Da aus dieser Gleichung alles verschwunden ist, was sich auf die Linie $AD$ bezieht, die senkrecht zu $BC$ gezogen war, so kann man noch die Punkte $A$, $B$, $C$ und alles, was sich darauf bezieht, mit einander vertauschen; es wird daher mit derselben Genauigkeit

$$[9] \quad \sigma = \tfrac{1}{2}bc \sin A\{1 + \tfrac{1}{120}\alpha(3b^2 + 3c^2 - 12bc \cos A)$$
$$+ \tfrac{1}{120}\beta(3b^2 + 4c^2 - 9bc \cos A)$$
$$+ \tfrac{1}{120}\gamma(4b^2 + 3c^2 - 9bc \cos A)\},$$

$$[10] \quad \sigma = \tfrac{1}{2}ab \sin C\{1 + \tfrac{1}{120}\alpha(3a^2 + 4b^2 - 9ab \cos C)$$
$$+ \tfrac{1}{120}\beta(4a^2 + 3b^2 - 9ab \cos C)$$
$$+ \tfrac{1}{120}\gamma(3a^2 + 3b^2 - 12ab \cos C)\}.$$

26.

Sehr nützlich ist die Vergleichung des betrachteten Dreiecks mit dem ebenen geradlinigen Dreieck, dessen Seiten gleich $a$, $b$, $c$ sind. Die Winkel dieses letzteren, die wir mit $A^*$, $B^*$, $C^*$ bezeichnen wollen, unterscheiden sich von den Winkeln des Dreiecks auf der Fläche, nämlich von $A$, $B$, $C$, um Grössen zweiter Ordnung; und es ist lohnend, diese Unterschiede genau zu ermitteln. Die Rechnungen aber, die mehr umfangreich, als schwierig sind, wird es genügen, hier in ihren Grundzügen anzuführen.

Vertauscht man in den Formeln [1], [4], [5] die Grössen, welche sich auf $B$ beziehen, mit den auf $C$ bezüglichen, so erhält man Formeln für $r'^2$, $r'\cos\varphi'$, $r'\sin\varphi'$. Dann ergiebt die Entwickelung des Ausdrucks

$$r^2+r'^2-(q-q')^2-2r\cos\varphi\,.\,r'\cos\varphi'-2r\sin\varphi\,.\,r'\sin\varphi',$$

welcher

$$=b^2+c^2-a^2-2bc\cos A=2bc(\cos A^*-\cos A)$$

wird, in Verbindung mit der Entwickelung des Ausdrucks

$$r\sin\varphi\,.\,r'\cos\varphi'-r\cos\varphi\,.\,r'\sin\varphi',$$

welcher

$$=bc\sin A$$

wird, folgende Formel:

$$\begin{aligned}&\cos A^*-\cos A\\ &=-(q-q')p\sin A\{\tfrac{1}{3}f_0+\tfrac{1}{6}f_1p+\tfrac{1}{4}g_0(q+q')\\ &\qquad+(\tfrac{1}{10}f_2-\tfrac{1}{45}f_0^2)p^2+\tfrac{3}{20}g_1p(q+q')\\ &\qquad+(\tfrac{1}{5}h_0-\tfrac{7}{90}f_0^2)(q^2+qq'+q'^2)+\cdots\}.\end{aligned}$$

[**144**] Daher wird, bis auf Grössen fünfter Ordnung,

$$\begin{aligned}A^*-A=(q-q')p\{&\tfrac{1}{3}f_0+\tfrac{1}{6}f_1p+\tfrac{1}{4}g_0(q+q')+\tfrac{1}{10}f_2p^2\\ &+\tfrac{3}{20}g_1p(q+q')+\tfrac{1}{5}h_0(q^2+qq'+q'^2)\\ &-\tfrac{1}{90}f_0^2(7p^2+7q^2+12qq'+7q'^2)\}.\end{aligned}$$

Verbindet man diese Gleichung mit

$$2\sigma=ap\{1-\tfrac{1}{6}f_0(p^2+q^2+qq'+q'^2)-\cdots\}$$

und mit den im vorigen Artikel aufgestellten Werthen von $\alpha$, $\beta$, $\gamma$, so erhält man bis auf Grössen fünfter Ordnung

$$\begin{aligned}[11]\quad A^*=A-\sigma\{&\tfrac{1}{6}\alpha+\tfrac{1}{12}\beta+\tfrac{1}{12}\gamma+\tfrac{2}{15}f_2p^2\\ &+\tfrac{1}{5}g_1p(q+q')+\tfrac{1}{5}h_0(3q^2-2qq'+3q'^2)\\ &+\tfrac{1}{90}f_0^2(4p^2-11q^2+14qq'-11q'^2)\}.\end{aligned}$$

Ganz ähnliche Operationen führen zu folgenden Entwickelungen

[12] $B^* = B - \sigma\{\frac{1}{12}\alpha + \frac{1}{6}\beta + \frac{1}{12}\gamma + \frac{1}{10}f_2 p^2$
$+ \frac{1}{10}g_1 p(2q + q') + \frac{1}{5}h_0(4q^2 - 4qq' + 3q'^2)$
$- \frac{1}{90}f_0^2(2p^2 + 8q^2 - 8qq' + 11q'^2)\}$,

[13] $C^* = C - \sigma\{\frac{1}{12}\alpha + \frac{1}{12}\beta + \frac{1}{6}\gamma + \frac{1}{10}f_2 p^2$
$+ \frac{1}{10}g_1 p(q + 2q') + \frac{1}{5}h_0(3q^2 - 4qq' + 4q'^2)$
$- \frac{1}{90}f_0^2(2p^2 + 11q^2 - 8qq' + 8q'^2)\}$.

Hieraus folgt, da die Summe $A^* + B^* + C^*$ gleich zwei Rechten ist, zugleich der Ueberschuss der Summe $A + B + C$ über zwei Rechte, nämlich

[14] $A + B + C = \pi + \sigma\{\frac{1}{3}\alpha + \frac{1}{3}\beta + \frac{1}{3}\gamma + \frac{1}{3}f_2 p^2$
$+ \frac{1}{2}g_1 p(q + q') + (2h_0 - \frac{1}{3}f_0^2)(q^2 - qq' + q'^2)\}$.

Diese letzte Gleichung hätte auch aus der Formel [6] hergeleitet werden können.

27.

Ist die betrachtete Fläche eine Kugel mit dem Radius $R$, so wird

$$\alpha = \beta = \gamma = -2f_0 = \frac{1}{R^2};\ f_2 = 0,\ g_1 = 0,\ 6h_0 - f_0^2 = 0,$$

also

$$h_0 = \frac{1}{24R^4}.$$

Daher wird die Formel [14]

[145] $$A + B + C = \pi + \frac{\sigma}{R^2},$$

und diese ist absolut genau. Die Formeln [11]—[13] ergeben aber

$$A^* = A - \frac{\sigma}{3R^2} - \frac{\sigma}{180R^4}(2p^2 - q^2 + 4qq' - q'^2),$$

$$B^* = B - \frac{\sigma}{3R^2} + \frac{\sigma}{180R^4}(p^2 - 2q^2 + 2qq' + q'^2),$$

$$C^* = C - \frac{\sigma}{3R^2} + \frac{\sigma}{180R^4}(p^2 + q^2 + 2qq' - 2q'^2)$$

oder ebenso genau

$$A^* = A - \frac{\sigma}{3R^2} - \frac{\sigma}{180R^4}(b^2 + c^2 - 2a^2),$$

$$B^* = B - \frac{\sigma}{3R^2} - \frac{\sigma}{180R^4}(a^2 + c^2 - 2b^2),$$

$$C^* = C - \frac{\sigma}{3R^2} - \frac{\sigma}{180R^4}(a^2 + b^2 - 2c^2).$$

Bei Vernachlässigung der Glieder vierter Ordnung folgt hieraus ein bekannter, zuerst von *Legendre* aufgestellter Satz.

28.

Unsere allgemeinen Formeln werden bei Weglassung der Glieder vierter Ordnung sehr einfache, nämlich

$$A^* = A - \tfrac{1}{12}\sigma(2\alpha + \beta + \gamma),$$
$$B^* = B - \tfrac{1}{12}\sigma(\alpha + 2\beta + \gamma),$$
$$C^* = C - \tfrac{1}{12}\sigma(\alpha + \beta + 2\gamma).$$

An den Winkeln $A$, $B$, $C$ sind daher bei einer nicht kugelförmigen Fläche ungleiche Reductionen anzubringen, damit nach der Aenderung die Sinus den gegenüberliegenden Seiten proportional werden. Die Ungleichheit wird, allgemein zu reden, von der dritten Ordnung sein, indessen kann dieselbe, falls die Oberfläche nur wenig von einer Kugel abweicht, eine höhere Ordnung erreichen: selbst bei den grössten Dreiecken auf der Erdoberfläche, [**146**] deren Winkel man noch messen kann, kann die Differenz stets als unmerklich betrachtet werden. So hat z. B. bei dem grössten unter den Dreiecken, die wir in den letzten Jahren gemessen haben, nämlich dem zwischen den Punkten Hohehagen, Brocken, Inselsberg, für welches der Ueberschuss der Winkelsumme = 14",85348 war, die Rechnung folgende Reductionen für die einzelnen Winkel geliefert:

Hohehagen 4",95113,
Brocken 4",95104,
Inselsberg 4",95131.

29.

Zum Schluss wollen wir noch den Flächeninhalt eines auf einer krummen Fläche gelegenen Dreiecks mit dem Flächeninhalt des geradlinigen Dreiecks vergleichen, dessen Seiten

$a$, $b$, $c$ sind. Den letzteren Flächeninhalt wollen wir mit $\sigma^*$ bezeichnen. Derselbe ist

$$\sigma^* = \tfrac{1}{2} bc \sin A^* = \tfrac{1}{2} ac \sin B^* = \tfrac{1}{2} ab \sin C^*.$$

Wir haben bis auf Grössen vierter Ordnung:

$$\sin A^* = \sin A - \tfrac{1}{12} \sigma \cos A \,.\, (2\alpha + \beta + \gamma)$$

oder mit gleicher Genauigkeit

$$\sin A = \sin A^* \{1 + \tfrac{1}{24} bc \cos A \,.\, (2\alpha + \beta + \gamma)\}.$$

Substituirt man diesen Werth in Formel [9], so wird bis auf Grössen sechster Ordnung:

$$\begin{aligned} \sigma = \tfrac{1}{2} bc \sin A^* \,.\, \{1 &+ \tfrac{1}{120} \alpha (3b^2 + 3c^2 - 2bc \cos A) \\ &+ \tfrac{1}{120} \beta (3b^2 + 4c^2 - 4bc \cos A) \\ &+ \tfrac{1}{120} \gamma (4b^2 + 3c^2 - 4bc \cos A)\} \end{aligned}$$

oder ebenso genau

$$\begin{aligned} \sigma = \sigma^* \{1 &+ \tfrac{1}{120} \alpha (a^2 + 2b^2 + 2c^2) + \tfrac{1}{120} \beta (2a^2 + b^2 + 2c^2) \\ &+ \tfrac{1}{120} \gamma (2a^2 + 2b^2 + c^2)\}. \end{aligned}$$

Für eine Kugelfläche nimmt diese Formel folgende Gestalt an:

$$\sigma = \sigma^* \{1 + \tfrac{1}{24} \alpha (a^2 + b^2 + c^2)\};$$

statt dieser Formel kann auch, wie leicht zu beweisen ist, mit derselben Genauigkeit folgende genommen werden:

$$\sigma = \sigma^* \sqrt{\frac{\sin A \,.\, \sin B \,.\, \sin C}{\sin A^* \,.\, \sin B^* \,.\, \sin C^*}}.$$

Wird diese Formel auf Dreiecke angewandt, die auf einer nicht kugelförmigen krummen Fläche liegen, so wird der Fehler, allgemein zu reden, von der fünften Ordnung, doch unmerklich bei allen Dreiecken, wie sie auf der Erdoberfläche gemessen werden können.

---

Bernhard Riemann

# BERNHARD RIEMANN'S

## GESAMMELTE

# MATHEMATISCHE WERKE

UND

## WISSENSCHAFTLICHER NACHLASS.

---

HERAUSGEGEBEN

UNTER MITWIRKUNG VON R. DEDEKIND

VON

**H. WEBER.**

LEIPZIG,

DRUCK UND VERLAG VON B. G. TEUBNER.

1876.

## XIII.

# Ueber die Hypothesen, welche der Geometrie zu Grunde liegen.

(Aus dem dreizehnten Bande der Abhandlungen der Königlichen Gesellschaft der Wissenschaften zu Göttingen.*))

### Plan der Untersuchung.

Bekanntlich setzt die Geometrie sowohl den Begriff des Raumes, als die ersten Grundbegriffe für die Constructionen im Raume als etwas Gegebenes voraus. Sie giebt von ihnen nur Nominaldefinitionen, während die wesentlichen Bestimmungen in Form von Axiomen auftreten. Das Verhältniss dieser Voraussetzungen bleibt dabei im Dunkeln; man sieht weder ein, ob und in wie weit ihre Verbindung nothwendig, noch a priori, ob sie möglich ist.

Diese Dunkelheit wurde auch von Euklid bis auf Legendre, um den berühmtesten neueren Bearbeiter der Geometrie zu nennen, weder von den Mathematikern, noch von den Philosophen, welche sich damit beschäftigten, gehoben. Es hatte dies seinen Grund wohl darin, dass der allgemeine Begriff mehrfach ausgedehnter Grössen, unter welchem die Raumgrössen enthalten sind, ganz unbearbeitet blieb. Ich habe mir daher zunächst die Aufgabe gestellt, den Begriff einer mehrfach ausgedehnten Grösse aus allgemeinen Grössenbegriffen zu construiren. Es wird daraus hervorgehen, dass eine mehrfach ausgedehnte Grösse verschiedener Massverhältnisse fähig ist und der Raum also nur einen besonderen Fall einer dreifach ausgedehnten Grösse bildet. Hiervon aber ist eine nothwendige Folge, dass die Sätze der

*) Diese Abhandlung ist am 10. Juni 1854 von dem Verfasser bei dem zum Zweck seiner Habilitation veranstalteten Colloquium mit der philosophischen Facultät zu Göttingen vorgelesen worden. Hieraus erklärt sich die Form der Darstellung, in welcher die analytischen Untersuchungen nur angedeutet werden konnten; einige Ausführungen derselben findet man in der Beantwortung der Pariser Preisaufgabe nebst den Anmerkungen zu derselben.

Geometrie sich nicht aus allgemeinen Grössenbegriffen ableiten lassen, sondern dass diejenigen Eigenschaften, durch welche sich der Raum von anderen denkbaren dreifach ausgedehnten Grössen unterscheidet, nur aus der Erfahrung entnommen werden können. Hieraus entsteht die Aufgabe, die einfachsten Thatsachen aufzusuchen, aus denen sich die Massverhältnisse des Raumes bestimmen lassen — eine Aufgabe, die der Natur der Sache nach nicht völlig bestimmt ist; denn es lassen sich mehrere Systeme einfacher Thatsachen angeben, welche zur Bestimmung der Massverhältnisse des Raumes hinreichen; am wichtigsten ist für den gegenwärtigen Zweck das von Euklid zu Grunde gelegte. Diese Thatsachen sind wie alle Thatsachen nicht nothwendig, sondern nur von empirischer Gewissheit, sie sind Hypothesen; man kann also ihre Wahrscheinlichkeit, welche innerhalb der Grenzen der Beobachtung allerdings sehr gross ist, untersuchen und hienach über die Zulässigkeit ihrer Ausdehnung jenseits der Grenzen der Beobachtung, sowohl nach der Seite des Unmessbargrossen, als nach der Seite des Unmessbarkleinen urtheilen.

## I. Begriff einer *n*fach ausgedehnten Grösse.

Indem ich nun von diesen Aufgaben zunächst die erste, die Entwicklung des Begriffs mehrfach ausgedehnter Grössen, zu lösen versuche, glaube ich um so mehr auf eine nachsichtige Beurtheilung Anspruch machen zu dürfen, da ich in dergleichen Arbeiten philosophischer Natur, wo die Schwierigkeiten mehr in den Begriffen, als in der Construction liegen, wenig geübt bin und ich ausser einigen ganz kurzen Andeutungen, welche Herr Geheimer Hofrath Gauss in der zweiten Abhandlung über die biquadratischen Reste, in den Göttingenschen gelehrten Anzeigen und in seiner Jubiläumsschrift darüber gegeben hat, und einigen philosophischen Untersuchungen Herbart's, durchaus keine Vorarbeiten benutzen konnte.

### 1.

Grössenbegriffe sind nur da möglich, wo sich ein allgemeiner Begriff vorfindet, der verschiedene Bestimmungsweisen zulässt. Je nachdem unter diesen Bestimmungsweisen von einer zu einer andern ein stetiger Uebergang stattfindet oder nicht, bilden sie eine stetige oder discrete Mannigfaltigkeit; die einzelnen Bestimmungsweisen heissen im erstern Falle Punkte, im letztern Elemente dieser Mannigfaltigkeit. Begriffe, deren Bestimmungsweisen eine discrete Mannigfaltigkeit bilden, sind so häufig, dass sich für beliebig gegebene Dinge wenigstens in den gebildeteren Sprachen immer ein Begriff auffinden lässt, unter welchem sie enthalten sind (und die Mathematiker konnten daher in der Lehre von den discreten Grössen unbedenklich von der Forderung ausgehen, gegebene Dinge als gleichartig zu betrachten), dagegen sind die Veranlassungen zur Bildung von Begriffen, deren Bestimmungsweisen eine stetige Mannigfaltigkeit bilden, im gemeinen Leben so selten, dass die Orte der Sinnengegenstände und die Farben wohl die einzigen einfachen Begriffe sind, deren Bestimmungsweisen eine mehrfach ausgedehnte Mannigfaltigkeit bilden. Häufigere Veranlassung zur Erzeugung und Ausbildung dieser Begriffe findet sich erst in der höhern Mathematik.

Bestimmte, durch ein Merkmal oder eine Grenze unterschiedene Theile einer Mannigfaltigkeit heissen Quanta. Ihre Vergleichung der Quantität nach geschieht bei den discreten Grössen durch Zählung, bei den stetigen durch Messung. Das Messen besteht in einem Aufeinanderlegen der zu vergleichenden Grössen; zum Messen wird also ein Mittel erfordert, die eine Grösse als Massstab für die andere fortzutragen. Fehlt dieses, so kann man zwei Grössen nur vergleichen, wenn die eine ein Theil der andern ist, und auch dann nur das Mehr oder Minder, nicht das Wieviel entscheiden. Die Untersuchungen, welche sich in diesem Falle über sie anstellen lassen, bilden einen allgemeinen von Massbestimmungen unabhängigen Theil der Grössenlehre, wo die Grössen nicht als unabhängig von der Lage existirend und nicht als durch eine Einheit ausdrückbar, sondern als Gebiete in einer Mannigfaltigkeit betrachtet werden. Solche Untersuchungen sind für mehrere Theile der Mathematik, namentlich für die Behandlung der mehrwerthigen analytischen Functionen ein Bedürfniss geworden, und der Mangel derselben ist wohl eine Hauptursache, dass der berühmte Abel'sche Satz und die Leistungen von Lagrange, Pfaff, Jacobi für die allgemeine Theorie der Differentialgleichungen so lange unfruchtbar geblieben sind. Für den gegenwärtigen Zweck genügt es, aus diesem allgemeinen Theile der Lehre von den ausgedehnten Grössen, wo weiter nichts vorausgesetzt wird, als was in dem Begriffe derselben schon enthalten ist, zwei Punkte hervorzuheben, wovon der erste die Erzeugung des Begriffs einer mehrfach ausgedehnten Mannigfaltigkeit, der zweite die Zurückführung der Ortsbestimmungen in einer gegebenen Mannigfaltigkeit auf Quantitätsbestimmungen betrifft und das wesentliche Kennzeichen einer $n$fachen Ausdehnung deutlich machen wird.

## 2.

Geht man bei einem Begriffe, dessen Bestimmungsweisen eine stetige Mannigfaltigkeit bilden, von einer Bestimmungsweise auf eine bestimmte Art zu einer andern über, so bilden die durchlaufenen Bestimmungsweisen eine einfach ausgedehnte Mannigfaltigkeit, deren wesentliches Kennzeichen ist, dass in ihr von einem Punkte nur nach zwei Seiten, vorwärts oder rückwärts, ein stetiger Fortgang möglich ist. Denkt man sich nun, dass diese Mannigfaltigkeit wieder in eine andere, völlig verschiedene, übergeht, und zwar wieder auf bestimmte Art, d. h. so, dass jeder Punkt in einen bestimmten Punkt der andern übergeht, so bilden sämmtliche so erhaltene Bestimmungsweisen eine zweifach ausgedehnte Mannigfaltigkeit. In ähnlicher Weise erhält man eine dreifach ausgedehnte Mannigfaltigkeit, wenn man sich vorstellt, dass eine zweifach ausgedehnte in eine völlig verschiedene auf bestimmte Art übergeht, und es ist leicht zu sehen, wie man diese Construction fortsetzen kann. Wenn man, anstatt den Begriff als bestimmbar, seinen Gegenstand als veränderlich betrachtet, so kann diese Construction bezeichnet werden als eine Zusammensetzung einer Veränderlichkeit von $n+1$ Dimensionen aus einer Veränderlichkeit von $n$ Dimensionen und aus einer Veränderlichkeit von Einer Dimension.

## 3.

Ich werde nun zeigen, wie man umgekehrt eine Veränderlichkeit, deren Gebiet gegeben ist, in eine Veränderlichkeit von einer Dimension und eine Veränderlichkeit von weniger Dimensionen zerlegen kann. Zu diesem Ende denke man sich ein veränderliches Stück einer Mannigfaltigkeit von Einer Dimension — von einem festen Anfangspunkte an gerechnet, so dass die Werthe desselben unter einander vergleichbar sind — welches für jeden Punkt der gegebenen Mannigfaltigkeit einen bestimmten mit ihm stetig sich ändernden Werth hat, oder mit andern Worten, man nehme innerhalb der gegebenen Mannigfaltigkeit eine stetige Function des Orts an, und zwar eine solche Function, welche nicht längs eines Theils dieser Mannigfaltigkeit constant ist. Jedes System von Punkten, wo die Function einen constanten Werth hat, bildet dann eine stetige Mannigfaltigkeit von weniger Dimensionen, als die gegebene. Diese Mannigfaltigkeiten gehen bei Aenderung der Function stetig in einander über; man wird daher annehmen können, dass aus einer von ihnen die übrigen hervorgehen, und es wird dies, allgemein zu reden, so geschehen können, dass jeder Punkt in einen bestimmten Punkt der andern übergeht; die Ausnahmsfälle, deren

**Untersuchung wichtig ist, können hier unberücksichtigt bleiben. Hierdurch wird die Ortsbestimmung in der gegebenen Mannigfaltigkeit zurückgeführt auf eine Grössenbestimmung und auf eine Ortsbestimmung in einer minderfach ausgedehnten Mannigfaltigkeit. Es ist nun leicht zu zeigen, dass diese Mannigfaltigkeit *n* — 1 Dimensionen hat, wenn die gegebene Mannigfaltigkeit eine *n*fach ausgedehnte ist. Durch *n*malige Wiederholung dieses Verfahrens wird daher die Ortsbestimmung in einer *n*fach ausgedehnten Mannigfaltigkeit auf *n* Grössenbestimmungen,** und also die Ortsbestimmung in einer gegebenen Mannigfaltigkeit, wenn dieses möglich ist, auf eine endliche Anzahl von Quantitätsbestimmungen zurückgeführt. Es giebt indess auch Mannigfaltigkeiten, in welchen die Ortsbestimmung nicht eine endliche Zahl, sondern entweder eine unendliche Reihe oder eine stetige Mannigfaltigkeit von Grössenbestimmungen erfordert. Solche Mannigfaltigkeiten bilden z. B. die möglichen Bestimmungen einer Function für ein gegebenes Gebiet, die möglichen Gestalten einer räumlichen Figur u. s. w.

## II. Massverhältnisse, deren eine Mannigfaltigkeit von *n* Dimensionen fähig ist, unter der Voraussetzung, dass die Linien unabhängig von der Lage eine Länge besitzen, also jede Linie durch jede messbar ist.

Es folgt nun, nachdem der Begriff einer *n*fach ausgedehnten Mannigfaltigkeit construirt und als wesentliches Kennzeichen derselben gefunden worden ist, dass sich die Ortsbestimmung in derselben auf *n* Grössenbestimmungen zurückführen lässt, als zweite der oben gestellten Aufgaben eine Untersuchung über die Massverhältnisse, deren eine solche Mannigfaltigkeit fähig ist, und über die Bedingungen, welche zur Bestimmung dieser Massverhältnisse hinreichen. Diese Massverhältnisse lassen sich nur in abstracten Grössenbegriffen untersuchen und im Zusammenhange nur durch Formeln darstellen; unter gewissen Voraussetzungen kann man sie indess in Verhältnisse zerlegen, welche einzeln genommen einer geometrischen Darstellung fähig sind, und hiedurch wird es möglich, die Resultate der Rechnung geometrisch auszudrücken. Es wird daher, um festen Boden zu gewinnen, zwar eine abstracte Untersuchung in Formeln nicht zu vermeiden sein, die Resultate derselben aber werden sich im geometrischen Gewande darstellen lassen. Zu Beidem sind die Grundlagen enthalten in der berühmten Abhandlung des Herrn Geheimen Hofraths Gauss über die krummen Flächen.

## 1.

Massbestimmungen erfordern eine Unabhängigkeit der Grössen vom Ort, die in mehr als einer Weise stattfinden kann; die zunächst sich darbietende Annahme, welche ich hier verfolgen will, ist wohl die, dass die Länge der Linien unabhängig von der Lage sei, also jede Linie durch jede messbar sei. Wird die Ortsbestimmung auf Grössenbestimmungen zurückgeführt, also die Lage eines Punktes in der gegebenen $n$fach ausgedehnten Mannigfaltigkeit durch $n$ veränderliche Grössen $x_1$, $x_2$, $x_3$, und so fort bis $x_n$ ausgedrückt, so wird die Bestimmung einer Linie darauf hinauskommen, dass die Grössen $x$ als Functionen Einer Veränderlichen gegeben werden. Die Aufgabe ist dann, für die Länge der Linien einen mathematischen Ausdruck aufzustellen, zu welchem Zwecke die Grössen $x$ als in Einheiten ausdrückbar betrachtet werden müssen. Ich werde diese Aufgabe nur unter gewissen Beschränkungen behandeln und beschränke mich erstlich auf solche Linien, in welchen die Verhältnisse zwischen den Grössen $dx$ — den zusammengehörigen Aenderungen der Grössen $x$ — sich stetig ändern; man kann dann die Linien in Elemente zerlegt denken, innerhalb deren die Verhältnisse der Grössen $dx$ als constant betrachtet werden dürfen, und die Aufgabe kommt dann darauf zurück, für jeden Punkt einen allgemeinen Ausdruck des von ihm ausgehenden Linienelements $ds$ aufzustellen, welcher also die Grössen $x$ und die Grössen $dx$ enthalten wird. Ich nehme nun zweitens an, dass die Länge des Linienelements, von Grössen zweiter Ordnung abgesehen, ungeändert bleibt, wenn sämmtliche Punkte desselben dieselbe unendlich kleine Ortsänderung erleiden, worin zugleich enthalten ist, dass, wenn sämmtliche Grössen $dx$ in demselben Verhältnisse wachsen, das Linienelement sich ebenfalls in diesem Verhältnisse ändert. Unter diesen Annahmen wird das Linienelement eine beliebige homogene Function ersten Grades der Grössen $dx$ sein können, welche ungeändert bleibt, wenn sämmtliche Grössen $dx$ ihr Zeichen ändern, und worin die willkürlichen Constanten stetige Functionen der Grössen $x$ sind. Um die einfachsten Fälle zu finden, suche ich zunächst einen Ausdruck für die $n-1$fach ausgedehnten Mannigfaltigkeiten, welche vom Anfangspunkte des Linienelements überall gleich weit abstehen, d. h. ich suche eine stetige Function des Orts, welche sie von einander unterscheidet. Diese wird vom Anfangspunkt aus nach allen Seiten entweder ab- oder zunehmen müssen; ich will annehmen, dass sie nach allen Seiten zunimmt und also in dem Punkte ein Minimum hat. Es muss dann, wenn ihre ersten und zweiten Differentialquotienten endlich sind, das Differential erster Ordnung verschwinden und das zweiter Ordnung darf nie negativ werden; ich nehme an, dass es immer positiv bleibt. Dieser Differentialausdruck zweiter Ordnung bleibt alsdann constant, wenn $ds$ constant bleibt, und wächst im quadratischen Verhältnisse, wenn die Grössen $dx$ und also auch $ds$ sich sämmtlich in demselben Verhältnisse ändern; er ist also $=$ const. $ds^2$ und folglich ist $ds =$ der Quadratwurzel aus einer immer positiven ganzen homogenen Function zweiten Grades der Grössen $dx$, in welcher die Coefficienten stetige Functionen der Grössen $x$ sind. Für den Raum wird, wenn man die Lage der Punkte durch rechtwinklige Coordinaten ausdrückt, $ds = \sqrt{\Sigma (dx)^2}$; der Raum ist also unter diesem einfachsten Falle enthalten. Der nächst einfache Fall würde wohl die Mannigfaltigkeiten umfassen, in welchen sich das Linienelement durch die vierte Wurzel aus einem Differentialausdrucke vierten Grades ausdrücken lässt. Die Untersuchung dieser allgemeinern Gattung würde zwar keine wesentlich andere Principien erfordern, aber ziemlich zeitraubend sein und verhältnissmässig auf die Lehre vom Raume wenig neues Licht werfen, zumal da sich die Resultate nicht geometrisch ausdrücken lassen; ich beschränke mich daher auf die Mannigfaltigkeiten, wo das Linienelement durch die Quadratwurzel aus einem Differentialausdruck zweiten Grades ausgedrückt wird. Man kann einen solchen Ausdruck in einen andern ähnlichen transformiren, indem man für die $n$ unabhängigen Veränderlichen Functionen von $n$ neuen unabhängigen Veränderlichen setzt. Auf diesem Wege wird man aber nicht jeden Ausdruck in jeden transformiren können; denn der Ausdruck enthält $n\frac{n+1}{2}$ Coefficienten, welche willkürliche Functionen der unabhängigen Veränderlichen sind; durch Einführung neuer Veränderlicher wird man aber nur $n$ Relationen genügen und also nur $n$ der Coefficienten gegebenen Grössen gleich machen können. Es sind dann die übrigen $n\frac{n-1}{2}$ durch die Natur der darzustellenden Mannigfaltigkeit schon völlig bestimmt, und zur Bestimmung ihrer Massverhältnisse also $n\frac{n-1}{2}$ Functionen des Orts erforderlich. Die Mannigfaltigkeiten, in welchen sich, wie in der Ebene und im Raume, das Linienelement auf die Form $\sqrt{\Sigma dx^2}$ bringen lässt, bilden daher nur einen besondern Fall der hier zu untersuchenden Mannigfaltigkeiten; sie verdienen wohl einen besonderen Namen, und ich will also diese Mannigfaltigkeiten, in welchen sich das Quadrat des Linienelements auf die Summe der Quadrate von vollständigen Differentialien bringen lässt, eben nennen. Um nun die wesentlichen Verschiedenheiten sämmtlicher in der vorausgesetzen Form darstellbarer Mannigfaltigkeiten übersehen zu können, ist es nöthig, die von der Darstellungsweise herrührenden zu beseitigen, was durch Wahl der veränderlichen Grössen nach einem bestimmten Princip erreicht wird.

2.

Zu diesem Ende denke man sich von einem beliebigen Punkte aus das System der von ihm ausgehenden kürzesten Linien construirt; die Lage eines unbestimmten Punktes wird dann bestimmt werden können durch die Anfangsrichtung der kürzesten Linie, in welcher er liegt, und durch seine Entfernung in derselben vom Anfangspunkte und kann daher durch die Verhältnisse der Grössen $dx^0$, d. h. der Grössen $dx$ im Anfang dieser kürzesten Linie und durch die Länge $s$ dieser Linie ausgedrückt werden. Man führe nun statt $dx^0$ solche aus ihnen gebildete lineäre Ausdrücke $d\alpha$ ein, dass der Anfangswerth des Quadrats des Linienelements gleich der Summe der Quadrate dieser Ausdrücke wird, so dass die unabhängigen Variabeln sind: die Grösse $s$ und die Verhältnisse der Grössen $d\alpha$; und setze schliesslich statt $d\alpha$ solche ihnen proportionale Grössen $x_1, x_2, \ldots, x_n$, dass die Quadratsumme $= s^2$ wird. Führt man diese Grössen ein, so wird für unendlich kleine Werthe von $x$ das Quadrat des Linienelements $= \Sigma dx^2$, das Glied der nächsten Ordnung in demselben aber gleich einem homogenen Ausdruck zweiten Grades der $n\frac{n-1}{2}$ Grössen $(x_1\, dx_2 - x_2\, dx_1)$, $(x_1\, dx_3 - x_3\, dx_1)$, $\ldots$, also eine unendlich kleine Grösse von der vierten Dimension, so dass man eine endliche Grösse erhält, wenn man sie durch das Quadrat des unendlich kleinen Dreiecks dividirt, in dessen Eckpunkten die Werthe der Veränderlichen sind $(0, 0, 0, \ldots)$, $(x_1, x_2, x_3, \ldots)$, $(dx_1, dx_2, dx_3, \ldots)$. Diese Grösse behält denselben Werth, so lange die Grössen $x$ und $dx$ in denselben binären Linearformen enthalten sind, oder so lange die beiden kürzesten Linien von den Werthen 0 bis zu den Werthen $x$ und von den Werthen 0 bis zu den Werthen $dx$ in demselben Flächenelement bleiben, und hängt also nur von Ort und Richtung desselben ab. Sie wird offenbar $= 0$, wenn die dargestellte Mannigfaltigkeit eben, d. h. das Quadrat des Linienelements auf $\Sigma dx^2$ reducirbar ist, und kann daher als das Mass der in diesem Punkte in dieser Flächenrichtung stattfindenden Abweichung der Mannigfaltigkeit von der Ebenheit angesehen werden. Multiplicirt mit $-\frac{3}{4}$ wird sie der Grösse gleich, welche Herr Geheimer Hofrath Gauss das Krümmungsmass einer Fläche genannt hat. Zur Bestimmung der Massverhältnisse einer $n$fach ausgedehnten in der vorausgesetzten Form darstellbaren Mannigfaltigkeit wurden vorhin $n\frac{n-1}{2}$ Functionen des Orts nöthig gefunden:

wenn also das Krümmungsmass in jedem Punkte in $n\frac{n-1}{2}$ Flächenrichtungen gegeben wird, so werden daraus die Massverhältnisse der Mannigfaltigkeit sich bestimmen lassen, wofern nur zwischen diesen Werthen keine identischen Relationen stattfinden, was in der That, allgemein zu reden, nicht der Fall ist. Die Massverhältnisse dieser Mannigfaltigkeiten, wo das Linienelement durch die Quadratwurzel aus einem Differentialausdruck zweiten Grades dargestellt wird, lassen sich so auf eine von der Wahl der veränderlichen Grössen völlig unabhängige Weise ausdrücken. Ein ganz ähnlicher Weg lässt sich zu diesem Ziele auch bei den Mannigfaltigkeiten einschlagen, in welchen das Linienelement durch einen weniger einfachen Ausdruck, z. B. durch die vierte Wurzel aus einem Differentialausdruck vierten Grades, ausgedrückt wird. Es würde sich dann das Linienelement, allgemein zu reden, nicht mehr auf die Form der Quadratwurzel aus einer Quadratsumme von Differentialausdrücken bringen lassen und also in dem Ausdrucke für das Quadrat des Linienelements die Abweichung von der Ebenheit eine unendlich kleine Grösse von der zweiten Dimension sein, während sie bei jenen Mannigfaltigkeiten eine unendlich kleine Grösse von der vierten Dimension war. Diese Eigenthümlichkeit der letztern Mannigfaltigkeiten kann daher wohl Ebenheit in den kleinsten Theilen genannt werden. Die für den jetzigen Zweck wichtigste Eigenthümlichkeit dieser Mannigfaltigkeiten, derentwegen sie hier allein untersucht worden sind, ist aber die, dass sich die Verhältnisse der zweifach ausgedehnten geometrisch durch Flächen darstellen und die der mehrfach ausgedehnten auf die der in ihnen enthaltenen Flächen zurückführen lassen, was jetzt noch einer kurzen Erörterung bedarf.

3.

In die Auffassung der Flächen mischt sich neben den inneren Massverhältnissen, bei welchen nur die Länge der Wege in ihnen in Betracht kommt, immer auch ihre Lage zu ausser ihnen gelegenen Punkten. Man kann aber von den äussern Verhältnissen abstrahiren, indem man solche Veränderungen mit ihnen vornimmt, bei denen die Länge der Linien in ihnen ungeändert bleibt, d. h. sie sich beliebig — ohne Dehnung — gebogen denkt, und alle so auseinander entstehenden Flächen als gleichartig betrachtet. Es gelten also z. B. beliebige cylindrische oder conische Flächen einer Ebene gleich, weil sie sich durch blosse Biegung aus ihr bilden lassen, wobei die innern Massverhältnisse bleiben, und sämmtliche Sätze über dieselben — also die ganze Planimetrie — ihre Gültigkeit behalten; dagegen gelten sie als wesentlich verschieden von der Kugel, welche sich nicht ohne Dehnung in eine Ebene verwandeln lässt. Nach der vorigen Untersuchung werden in jedem Punkte die innern Massverhältnisse einer zweifach ausgedehnten Grösse, wenn sich das Linienelement durch die Quadratwurzel aus einem Differentialausdruck zweiten Grades ausdrücken lässt, wie dies bei den Flächen der Fall ist, charakterisirt durch das Krümmungsmass. Dieser Grösse lässt sich nun bei den Flächen die anschauliche Bedeutung geben, dass sie das Product aus den beiden Krümmungen der Fläche in diesem Punkte ist, oder auch, dass das Product derselben in ein unendlich kleines aus kürzesten Linien gebildetes Dreieck gleich ist dem halben Ueberschusse seiner Winkelsumme über zwei Rechte in Theilen des Halbmessers. Die erste Definition würde den Satz voraussetzen, dass das Product der beiden Krümmungshalbmesser bei der blossen Biegung einer Fläche ungeändert bleibt, die zweite, dass an demselben Orte der Ueberschuss der Winkelsumme eines unendlich kleinen Dreiecks über zwei Rechte seinem Inhalte proportional ist. Um dem Krümmungsmass einer $n$fach ausgedehnten Mannigfaltigkeit in einem gegebenen Punkte und einer gegebenen durch ihn gelegten Flächenrichtung eine greifbare Bedeutung zu geben, muss man davon ausgehen, dass eine von einem Punkte ausgehende kürzeste Linie völlig bestimmt ist, wenn ihre Anfangsrichtung gegeben ist. Hienach wird man eine bestimmte Fläche erhalten, wenn man sämmtliche von dem gegebenen Punkte ausgehenden und in dem gegebenen Flächenelement liegenden Anfangsrichtungen zu kürzesten Linien verlängert, und diese Fläche hat in dem gegebenen Punkte ein bestimmtes Krümmungsmass, welches zugleich das Krümmungsmass der $n$fach ausgedehnten Mannigfaltigkeit in dem gegebenen Punkte und der gegebenen Flächenrichtung ist.

## 4.

Es sind nun noch, ehe die Anwendung auf den Raum gemacht wird, einige Betrachtungen über die ebenen Mannigfaltigkeiten im Allgemeinen nöthig, d. h. über diejenigen, in welchen das Quadrat des Linienelements durch eine Quadratsumme vollständiger Differentialien darstellbar ist.

In einer ebenen $n$fach ausgedehnten Mannigfaltigkeit ist das Krümmungsmass in jedem Punkte in jeder Richtung Null; es reicht aber nach der frühern Untersuchung, um die Massverhältnisse zu bestimmen, hin zu wissen, dass es in jedem Punkte in $n\frac{n-1}{2}$ Flächenrichtungen, deren Krümmungsmasse von einander unabhängig sind,

Null sei. Die Mannigfaltigkeiten, deren Krümmungsmass überall $= 0$ ist, lassen sich betrachten als ein besonderer Fall derjenigen Mannigfaltigkeiten, deren Krümmungsmass allenthalben constant ist. Der gemeinsame Charakter dieser Mannigfaltigkeiten, deren Krümmungsmass constant ist, kann auch so ausgedrückt werden, dass sich die Figuren in ihnen ohne Dehnung bewegen lassen. Denn offenbar würden die Figuren in ihnen nicht beliebig verschiebbar und drehbar sein können, wenn nicht in jedem Punkte in allen Richtungen das Krümmungsmass dasselbe wäre. Andererseits aber sind durch das Krümmungsmass die Massverhältnisse der Mannigfaltigkeit vollständig bestimmt; es sind daher um einen Punkt nach allen Richtungen die Massverhältnisse genau dieselben, wie um einen andern, und also von ihm aus dieselben Constructionen ausführbar, und folglich kann in den Mannigfaltigkeiten mit constantem Krümmungsmass den Figuren jede beliebige Lage gegeben werden. Die Massverhältnisse dieser Mannigfaltigkeiten hängen nur von dem Werthe des Krümmungsmasses ab, und in Bezug auf die analytische Darstellung mag bemerkt werden, dass, wenn man diesen Werth durch $\alpha$ bezeichnet, dem Ausdruck für das Linienelement die Form

$$\frac{1}{1 + \frac{\alpha}{4} \Sigma x^2} \sqrt{\Sigma d x^2}$$

gegeben werden kann.

## 5.

Zur geometrischen Erläuterung kann die Betrachtung der Flächen mit constantem Krümmungsmass dienen. Es ist leicht zu sehen, dass sich die Flächen, deren Krümmungsmass positiv ist, immer auf eine Kugel, deren Radius gleich 1 dividirt durch die Wurzel aus dem Krümmungsmass ist, wickeln lassen werden; um aber die ganze Mannigfaltigkeit dieser Flächen zu übersehen, gebe man einer derselben die Gestalt einer Kugel und den übrigen die Gestalt von Umdrehungsflächen, welche sie im Aequator berühren. Die Flächen mit grösserem Krümmungsmass, als diese Kugel, werden dann die Kugel von innen berühren und eine Gestalt annehmen, wie der äussere der Axe abgewandte Theil der Oberfläche eines Ringes; sie würden sich auf Zonen von Kugeln mit kleinerem Halbmesser wickeln lassen, aber mehr als einmal herumreichen. Die Flächen mit kleinerem positiven Krümmungsmass wird man erhalten, wenn man aus Kugelflächen mit grösserem Radius ein von zwei grössten Halbkreisen begrenztes Stück ausschneidet und die Schnittlinien zusammenfügt. Die Fläche mit dem Krümmungsmass Null wird eine auf dem Aequator stehende Cylinderfläche sein; die Flächen mit negativem Krümmungsmass aber werden diesen Cylinder von aussen berühren und wie der innere der Axe zugewandte Theil der Oberfläche eines Ringes geformt sein. Denkt man sich diese Flächen als Ort für in ihnen bewegliche Flächenstücke, wie den Raum als Ort für Körper, so sind in allen diesen Flächen die Flächenstücke ohne Dehnung beweglich. Die Flächen mit positivem Krümmungsmass lassen sich stets so formen, dass die Flächenstücke auch ohne Biegung beliebig bewegt werden können, nämlich zu Kugelflächen, die mit negativem aber nicht. Ausser dieser Unabhängigkeit der Flächenstücke vom Ort findet bei der Fläche mit dem Krümmungsmass Null auch eine Unabhängigkeit der Richtung vom Ort statt, welche bei den übrigen Flächen nicht stattfindet.

## III. Anwendung auf den Raum.

### 1.

Nach diesen Untersuchungen über die Bestimmung der Massverhältnisse einer *n* fach ausgedehnten Grösse lassen sich nun die Bedingungen angeben, welche zur Bestimmung der Massverhältnisse des Raumes hinreichend und nothwendig sind, wenn Unabhängigkeit der Linien von der Lage und Darstellbarkeit des Linienelements durch die Quadratwurzel aus einem Differentialausdrucke zweiten Grades, also Ebenheit in den kleinsten Theilen vorausgesetzt wird.

Sie lassen sich erstens so ausdrücken, dass das Krümmungsmass in jedem Punkte in drei Flächenrichtungen $= 0$ ist, und es sind daher die Massverhältnisse des Raumes bestimmt, wenn die Winkelsumme im Dreieck allenthalben gleich zwei Rechten ist.

Setzt man aber zweitens, wie Euklid, nicht bloss eine von der Lage unabhängige Existenz der Linien, sondern auch der Körper voraus, so folgt, dass das Krümmungsmass allenthalben constant ist, und es ist dann in allen Dreiecken die Winkelsumme bestimmt, wenn sie in Einem bestimmt ist.

Endlich könnte man drittens, anstatt die Länge der Linien als unabhängig von Ort und Richtung anzunehmen, auch eine Unabhängigkeit ihrer Länge und Richtung vom Ort voraussetzen. Nach dieser Auffassung sind die Ortsänderungen oder Ortsverschiedenheiten complexe in drei unabhängige Einheiten ausdrückbare Grössen.

### 2.

Im Laufe der bisherigen Betrachtungen wurden zunächst die Ausdehnungs- oder Gebietsverhältnisse von den Massverhältnissen gesondert, und gefunden, dass bei denselben Ausdehnungsverhältnissen verschiedene Massverhältnisse denkbar sind; es wurden dann die Systeme einfacher Massbestimmungen aufgesucht, durch welche die Massverhältnisse des Raumes völlig bestimmt sind und von welchen alle Sätze über dieselben eine nothwendige Folge sind; es bleibt nun die Frage zu erörtern, wie, in welchem Grade und in welchem Umfange diese Voraussetzungen durch die Erfahrung verbürgt werden. In dieser Beziehung findet zwischen den blossen Ausdehnungsverhältnissen und den Massverhältnissen eine wesentliche Verschiedenheit statt, insofern bei erstern, wo die möglichen Fälle eine discrete Mannigfaltigkeit bilden, die Aussagen der Erfahrung zwar nie völlig gewiss, aber nicht ungenau sind, während bei letztern, wo die möglichen Fälle eine stetige Mannigfaltigkeit bilden, jede Bestimmung aus der Erfahrung immer ungenau bleibt — es mag die Wahrscheinlichkeit, dass sie nahe richtig ist, noch so gross sein. Dieser Umstand wird wichtig bei der Ausdehnung dieser empirischen Bestimmungen über die Grenzen der Beobachtung in's Unmessbargrosse und Unmessbarkleine; denn die letztern können offenbar jenseits der Grenzen der Beobachtung immer ungenauer werden, die ersteren aber nicht.

Bei der Ausdehnung der Raumconstructionen in's Unmessbargrosse ist Unbegrenztheit und Unendlichkeit zu scheiden; jene gehört zu den Ausdehnungsverhältnissen, diese zu den Massverhältnissen. Dass der Raum eine unbegrenzte dreifach ausgedehnte Mannigfaltigkeit sei, ist eine Voraussetzung, welche bei jeder Auffassung der Aussenwelt angewandt wird, nach welcher in jedem Augenblicke das Gebiet der wirklichen Wahrnehmungen ergänzt und die möglichen Orte eines gesuchten Gegenstandes construirt werden und welche sich bei diesen Anwendungen fortwährend bestätigt. Die Unbegrenztheit des Raumes besitzt daher eine grössere empirische Gewissheit, als irgend eine äussere Erfahrung. Hieraus folgt aber die Unendlichkeit keineswegs; vielmehr würde der Raum, wenn man Unabhängigkeit der Körper vom Ort voraussetzt, ihm also ein constantes Krümmungsmass zuschreibt, nothwendig endlich sein, so bald dieses Krümmungsmass einen noch so kleinen positiven Werth hätte. Man würde, wenn man die in einem Flächenelement liegenden Anfangsrichtungen zu kürzesten Linien verlängert, eine unbegrenzte Fläche mit constantem positiven Krümmungsmass, also eine Fläche erhalten, welche in einer ebenen dreifach ausgedehnten Mannigfaltigkeit die Gestalt einer Kugelfläche annehmen würde und welche folglich endlich ist.

## 3.

Die Fragen über das Unmessbargrosse sind für die Naturerklärung müssige Fragen. Anders verhält es sich aber mit den Fragen über das Unmessbarkleine. Auf der Genauigkeit, mit welcher wir die Erscheinungen in's Unendlichkleine verfolgen, beruht wesentlich die Erkenntniss ihres Causalzusammenhangs. Die Fortschritte der letzten Jahrhunderte in der Erkenntniss der mechanischen Natur sind fast allein bedingt durch die Genauigkeit der Construction, welche durch die Erfindung der Analysis des Unendlichen und die von Archimed, Galliläi und Newton aufgefundenen einfachen Grundbegriffe, deren sich die heutige Physik bedient, möglich geworden ist. In den Naturwissenschaften aber, wo die einfachen Grundbegriffe zu solchen Constructionen bis jetzt fehlen, verfolgt man, um den Causalzusammenhang zu erkennen, die Erscheinungen in's räumlich Kleine, so weit es das Mikroskop nur gestattet. Die Fragen über die Massverhältnisse des Raumes im Unmessbarkleinen gehören also nicht zu den müssigen.

Setzt man voraus, dass die Körper unabhängig vom Ort existiren, so ist das Krümmungsmass überall constant, und es folgt dann aus den astronomischen Messungen, dass es nicht von Null verschieden sein kann; jedenfalls müsste sein reciprocer Werth eine Fläche sein, gegen welche das unsern Teleskopen zugängliche Gebiet verschwinden müsste. Wenn aber eine solche Unabhängigkeit der Körper vom Ort nicht stattfindet, so kann man aus den Massverhältnissen im Grossen nicht auf die im Unendlichkleinen schliessen; es kann dann in jedem Punkte das Krümmungsmass in drei Richtungen einen beliebigen Werth haben, wenn nur die ganze Krümmung jedes messbaren Raumtheils nicht merklich von Null verschieden ist; noch complicirtere Verhältnisse können eintreten, wenn die vorausgesetzte Darstellbarkeit eines Linienelements durch die Quadratwurzel aus einem Differentialausdruck zweiten Grades nicht stattfindet. Nun scheinen aber die empirischen Begriffe, in welchen die räumlichen Massbestimmungen gegründet sind, der Begriff des festen Körpers und des Lichtstrahls, im Unendlichkleinen ihre Gültigkeit zu verlieren; es ist also sehr wohl denkbar, dass die Massverhältnisse des Raumes im Unendlichkleinen den Voraussetzungen der Geometrie nicht gemäss sind, und dies würde man in der That annehmen müssen, sobald sich dadurch die Erscheinungen auf einfachere Weise erklären liessen.

Die Frage über die Gültigkeit der Voraussetzungen der Geometrie im Unendlichkleinen hängt zusammen mit der Frage nach dem innern Grunde der Massverhältnisse des Raumes. Bei dieser Frage, welche wohl noch zur Lehre vom Raume gerechnet werden darf, kommt die obige Bemerkung zur Anwendung, dass bei einer discreten Mannigfaltigkeit das Princip der Massverhältnisse schon in dem Begriffe dieser Mannigfaltigkeit enthalten ist, bei einer stetigen aber anders woher hinzukommen muss. Es muss also entweder das dem Raume zu Grunde liegende Wirkliche eine discrete Mannigfaltigkeit bilden, oder der Grund der Massverhältnisse ausserhalb, in darauf wirkenden bindenden Kräften, gesucht werden.

Die Entscheidung dieser Fragen kann nur gefunden werden, indem man von der bisherigen durch die Erfahrung bewährten Auffassung der Erscheinungen, wozu Newton den Grund gelegt, ausgeht und diese durch Thatsachen, die sich aus ihr nicht erklären lassen, getrieben allmählich umarbeitet; solche Untersuchungen, welche, wie die hier geführte, von allgemeinen Begriffen ausgehen, können nur dazu dienen, dass diese Arbeit nicht durch die Beschränktheit der Begriffe gehindert und der Fortschritt im Erkennen des Zusammenhangs der Dinge nicht durch überlieferte Vorurtheile gehemmt wird.

Es führt dies hinüber in das Gebiet einer andern Wissenschaft, in das Gebiet der Physik, welches wohl die Natur der heutigen Veranlassung nicht zu betreten erlaubt.

---

## Uebersicht.



*) Art. I. bildet zugleich die Vorarbeit für Beiträge zur analysis situs.

---

*) Die Untersuchung über die möglichen Massbestimmungen einer $n$fach ausgedehnten Mannigfaltigkeit ist sehr unvollständig, indess für den gegenwärtigen Zweck wohl ausreichend.

**) Der §. 3. des Art. III. bedarf noch einer Umarbeitung und weitern Ausführung.

# XXII.

## Commentatio mathematica, qua respondere tentatur quaestioni ab Ill$^{\text{ma}}$ Academia Parisiensi propositae:

„Trouver quel doit être l'état calorifique d'un corps solide homogène indéfini pour qu'un système de courbes isothermes, à un instant donné, restent isothermes après un temps quelconque, de telle sorte que la température d'un point puisse s'exprimer en fonction du temps et de deux autres variables indépendantes."*)

Et his principiis via sternitur ad majora.

1.

Quaestionem ab ill$^{\text{ma}}$ Academia propositam ita tractabimus, ut primum quaestionem generaliorem solvamus:

quales esse debeant proprietates corporis motum caloris determinantes et distributio caloris, ut detur systema linearum quae semper isothermae maneant,

deinde

ex solutione generali hujus problematis eos casus seligamus, in quibus proprietates illae evadant ubique eaedem, sive corpus sit homogeneum.

### Pars prima.

2.

Priorem quaestionem ut aggrediamur, considerandus est motus caloris in corpore qualicunque. Si $u$ denotat temperaturam tempore

*) Diese Beantwortung der von der Pariser Akademie im Jahr 1858 gestellten und 1868 zurückgezogenen Preisaufgabe wurde von Riemann am 1. Juli 1861 der Akademie eingereicht. Der Preis wurde derselben nicht zuerkannt, weil die Wege, auf denen die Resultate gefunden wurden, nicht vollständig angegeben sind. Von der Ausführung einer beabsichtigten ausführlicheren Bearbeitung des Gegenstandes wurde Riemann durch seinen Gesundheitszustand abgehalten.

$t$ in puncto $(x_1, x_2, x_3)$ aequationem generalem, secundum quam haec functio $u$ variatur, hujus esse formae constat,

$$\text{(I)}\qquad \begin{aligned} &\frac{\partial\left(a_{1,1}\frac{\partial u}{\partial x_1}+a_{1,2}\frac{\partial u}{\partial x_2}+a_{1,3}\frac{\partial u}{\partial x_3}\right)}{\partial x_1}\\ +&\frac{\partial\left(a_{2,1}\frac{\partial u}{\partial x_1}+a_{2,2}\frac{\partial u}{\partial x_2}+a_{2,3}\frac{\partial u}{\partial x_3}\right)}{\partial x_2}\\ +&\frac{\partial\left(a_{3,1}\frac{\partial u}{\partial x_1}+a_{3,2}\frac{\partial u}{\partial x_2}+a_{3,3}\frac{\partial u}{\partial x_3}\right)}{\partial x_3}=h\frac{\partial u}{\partial t}.\end{aligned}$$

Qua in aequatione quantitates $a$ conductibilitates resultantes, $h$ calorem specificum pro unitate voluminis, sive productum ex calore specifico in densitatem designant et tanquam functiones pro lubitu datae ipsarum $x_1, x_2, x_3$ spectantur. Disquisitionem nostram ad eum casum restringimus, in quo conductibilitas eadem est in binis directionibus oppositis ideoque inter quantitates $a$ relatio

$$a_{\iota,\iota'}=a_{\iota',\iota}$$

intercedit. Praeterea quum calor a loco calidiore in frigidiorem migret necesse est ut forma secundi gradus

$$\begin{pmatrix}a_{1,1}, & a_{2,2}, & a_{3,3}\\ a_{2,3}, & a_{3,1}, & a_{1,2}\end{pmatrix}$$

sit positiva.

### 3.

Iam in aequatione (I) in locos coordinatorum rectangularium $x_1, x_2, x_3$ tres variabiles independentes quaslibet novas $s_1, s_2, s_3$ introducamus.

Haec transformatio aequationis (I) facillime inde peti potest quod haec aequatio conditio est necessaria et sufficiens, ut, designante $\delta u$ variationem quamcunque infinite parvam ipsius $u$, integrale

$$(A)\quad \delta\iiint\sum_{\iota,\iota'}a_{\iota,\iota'}\frac{\partial u}{\partial x_\iota}\frac{\partial u}{\partial x_{\iota'}}\,dx_1\,dx_2\,dx_3+\iiint 2h\frac{\partial u}{\partial t}\,\delta u\,dx_1\,dx_2\,dx_3$$

per corpus extensum, solum a valore variationis $\delta u$ in superficie pendeat. Introductis novis variabilibus haec expressio $(A)$ transibit in

$$(B)\quad \delta\iiint\sum_{\iota,\iota'}b_{\iota,\iota'}\frac{\partial u}{\partial s_\iota}\frac{\partial u}{\partial s_{\iota'}}\,ds_1\,ds_2\,ds_3+\iiint 2k\frac{\partial u}{\partial t}\,\delta u\,ds_1\,ds_2\,ds_3$$

posito brevitatis causa

$$\frac{\sum\limits_{\iota,\iota'}a_{\iota,\iota'}\frac{\partial s_\mu}{\partial x_\iota}\frac{\partial s_\nu}{\partial x_{\iota'}}}{\sum\pm\frac{\partial s_1}{\partial x_1}\frac{\partial s_2}{\partial x_2}\frac{\partial s_3}{\partial x_3}}=b_{\mu,\nu},\qquad \frac{h}{\sum\pm\frac{\partial s_1}{\partial x_1}\frac{\partial s_2}{\partial x_2}\frac{\partial s_3}{\partial x_3}}=k.$$

Quodsi formarum secundi gradus

$$(1)\quad \begin{pmatrix} a_{1,1}, & a_{2,2}, & a_{3,3} \\ a_{2,3}, & a_{3,1}, & a_{1,2} \end{pmatrix} \qquad (2)\quad \begin{pmatrix} b_{1,1}, & b_{2,2}, & b_{3,3} \\ b_{2,3}, & b_{3,1}, & b_{1,2} \end{pmatrix}$$

determinantes sunt $A$, $B$ et formae adjunctae

$$(3)\quad \begin{pmatrix} \alpha_{1,1}, & \alpha_{2,2}, & \alpha_{3,3} \\ \alpha_{2,3}, & \alpha_{3,1}, & \alpha_{1,2} \end{pmatrix} \qquad (4)\quad \begin{pmatrix} \beta_{1,1}, & \beta_{2,2}, & \beta_{3,3} \\ \beta_{2,3}, & \beta_{3,1}, & \beta_{1,2} \end{pmatrix}$$

invenietur

$$A = B \sum \pm \frac{\partial s_1}{\partial x_1} \frac{\partial s_2}{\partial x_2} \frac{\partial s_3}{\partial x_3}$$

et

$$\beta_{\mu,\nu} = \sum_{\iota,\iota'} \alpha_{\iota,\iota'} \frac{\partial x_\iota}{\partial s_\mu} \frac{\partial x_{\iota'}}{\partial s_\nu}$$

ideoque

$$\sum_{\iota,\iota'} \alpha_{\iota,\iota'}\, dx_\iota\, dx_{\iota'} = \sum_{\iota,\iota'} \beta_{\iota,\iota'}\, ds_\iota\, ds_{\iota'}$$

et

$$\frac{h}{A} = \frac{k}{B}.$$

Unde facile perspicitur transformationem aequationis (I) reduci posse ad transformationem expressionis $\sum_{\iota,\iota'} \alpha_{\iota,\iota'}\, dx_\iota\, dx_{\iota'}$.

Quae quum ita sint, problema nostrum generale hoc modo solvere possumus, ut primum quaeramus, quales esse debeant functiones $b_{\iota,\iota'}$ et $k$ ipsarum $s_1$, $s_2$, $s_3$, ut $u$ ab una harum quantitatum non pendere possit. Qua quaestione soluta expressio $\Sigma\, \beta_{\iota,\iota'}\, ds_\iota\, ds_{\iota'}$ formari poterit. Tum ut, datis valoribus quantitatum $a_{\iota,\iota'}$ et quantitatis $h$, inveniamus, num $u$ functio temporis et duarum tantum variabilium fieri possit et quibusnam in casibus, quaerendum est, an expressio illa $\Sigma\, \beta_{\iota,\iota'}\, ds_\iota\, ds_{\iota'}$ in formam datam transformari possit; et hanc quaestionem infra videbimus eadem fere methodo tractari posse, qua Gauss in theoria superficierum curvarum usus est.

## 4.

Primum igitur quaeramus, quales esse debeant functiones $b_{\iota,\iota'}$ et $k$ ipsarum $s_1$, $s_2$, $s_3$, ut $u$ ab una harum quantitatum non pendere possit. Ut denotationem simpliciorem reddamus, quantitates $s_1$, $s_2$, $s_3$ per $\alpha$, $\beta$, $\gamma$ designemus et formam (2) per

$$\begin{pmatrix} a, & b, & c \\ a', & b', & c' \end{pmatrix}$$

si $u$ a $\gamma$ non pendet, aequatio differentialis erit formae

$$(\mathrm{II})\quad a\frac{\partial^2 u}{\partial \alpha^2} + 2c'\frac{\partial^2 u}{\partial \alpha\, \partial \beta} + b\frac{\partial^2 u}{\partial \beta^2} + e\frac{\partial u}{\partial \alpha} + f\frac{\partial u}{\partial \beta} - k\frac{\partial u}{\partial t} = F = 0$$

posito

$$\frac{\partial a}{\partial \alpha} + \frac{\partial c'}{\partial \beta} + \frac{\partial b'}{\partial \gamma} = e, \quad \frac{\partial b}{\partial \beta} + \frac{\partial c'}{\partial \alpha} + \frac{\partial a'}{\partial \gamma} = f.$$

Tribuendo ipsi $\gamma$ valores determinatos diversos ex aequatione (II) inter sex quotientes differentiales ipsius $u$ obtinebuntur aequationes diversae, quarum coefficientes a $\gamma$ non pendent. Quodsi ex his aequationibus $m$ sunt a se independentes

$$F_1 = 0, \; F_2 = 0, \ldots, F_m = 0,$$

ita ut caeterae omnes ex iis sequantur, aequatio $F = 0$ necesse est pro quovis ipsius $\gamma$ valore ex his $m$ aequationibus fluat unde $F$ formae esse debet

$$c_1 F_1 + c_2 F_2 + \cdots + c_m F_m$$

qua in expressione solae quantitates $c$ a $\gamma$ pendent.

Iam casus singulos, quando $m$ est $1, 2, 3, 4$ paulo accuratius examinemus simulque aequationes a $\gamma$ independentes, in quas aequatio $F = 0$ dissolvitur, in formas simpliciores redigere curemus.

Casus primus, $m = 1$.

Si $m = 1$, in aequatione (II) rationes coefficientium a $\gamma$ non pendebunt. At introducendo in locum ipsius $\gamma$ novam variabilem $\int k\, d\gamma$ semper effici potest, ut $k$ fiat $= 1$, quo pacto coefficientes omnes a $\gamma$ evadent independentes. Porro introducendo in locos ipsarum $\alpha$, $\beta$ novas variabiles semper effici potest, ut $a$ et $b$ evanescant. Hoc enim eveniet, si expressio $b\, d\alpha^2 - 2c'\, d\alpha\, d\beta + a\, d\beta^2$ (quae quadratum expressionis differentialis linearis esse nequit, si (2) est forma positiva) in formam $m\, d\alpha'\, d\beta'$ redigitur et quantitates $\alpha'$, $\beta'$ tanquam variabiles independentes sumuntur.

Aequatio igitur differentialis (II) hoc in casu in formam

$$2c' \frac{\partial^2 u}{\partial \alpha \partial \beta} + e \frac{\partial u}{\partial \alpha} + f \frac{\partial u}{\partial \beta} = \frac{\partial u}{\partial t}$$

redigi potest et in forma (2) $a$, $b$ tum erunt $= 0$, $a'$ et $b'$ functiones lineares ipsius $\gamma$, et $c'$ a $\gamma$ independens. Caeterum patet, temperaturam in hoc casu semper a $\gamma$ independentem manere, si temperatura initialis sit functio quaelibet solarum $\alpha$ et $\beta$.

Casus secundus, $m = 2$.

Si aequatio (II) in duas aequationes a $\gamma$ independentes discinditur, ope alterius $\frac{\partial u}{\partial t}$ ex altera ejici potest. Brevitatis causa haec ita exhibeatur

(1) $$\Delta u = 0$$

illa

(2) $$\Lambda u = \frac{\partial u}{\partial t}$$

denotantibus $\Delta$ et $\Lambda$ expressiones characteristicas ex $\partial_\alpha$ et $\partial_\beta$ conflatas.

Aequationem priorem facile perspicitur mutatis variabilibus independentibus ita transformari posse ut sit $\Delta$

$$\begin{aligned} &\text{vel} = \partial_\alpha \partial_\beta + e\partial_\alpha + f\partial_\beta \\ &\text{vel} = \partial_\alpha^2 + e\partial_\alpha + f\partial_\beta \\ &\text{vel} = \partial_\alpha \end{aligned}$$

valoribus $e = 0$, $f = 0$ non exclusis.

Quoniam sit

$$0 = \partial_t \Delta u = \Delta \partial_t u = \Delta \Lambda u$$

ex his duabus aequationibus (1) et (2) sequitur

(3) $$\Delta \Lambda u = 0.$$

Iam duo distinguendi sunt casus, prout haec aequatio (3) vel ex aequatione (1) fluat, ($\alpha$), sive sit

$$\Delta \Lambda = \Theta \Delta$$

denotante $\Theta$ novam expressionem characteristicam, vel non fluat, ($\beta$), novamque aequationem a $\Delta u$ independentem sistat.

Casum priorem ($\alpha$) ut saltem pro una forma ipsius $\Delta$ perscrutemur, supponamus

$$\Delta = \partial_\alpha \partial_\beta + e\partial_\alpha + f\partial_\beta .$$

Tum $\Delta \Lambda u$ ope aequationis $\Delta u = 0$ ad expressionem reduci potest, quae solas derivationes secundum alteram utram variabilem contineat et coefficientes omnes cifrae aequales habere debeat. Ponamus, quum terminus $\partial_\alpha \partial_\beta$ continens ope aequationis $\Delta u = 0$ ejici possit,

$$\Lambda = a\partial_\alpha^2 + b\partial_\beta^2 + c\partial_\alpha + d\partial_\beta$$

formemusque expressionem

$$\Delta \Lambda - \Lambda \Delta.$$

In hac expressione quum coefficientes ipsarum $\partial_\alpha^3, \partial_\beta^3$ evanescere debeant invenitur $\frac{\partial a}{\partial \beta} = 0$, $\frac{\partial b}{\partial \alpha} = 0$, unde si casus speciales $a = 0$, $b = 0$ excluduntur, mutatis variabilibus independentibus effici potest, ut sit $a = b = 1$. Tum autem invenitur ponendo coefficientes ipsarum $\partial_\alpha^2, \partial_\beta^2$ in expressione reducta $\Delta \Lambda$ cifrae aequales

$$\frac{\partial c}{\partial \beta} = 2\frac{\partial e}{\partial \alpha}, \quad \frac{\partial d}{\partial \alpha} = 2\frac{\partial f}{\partial \beta},$$

unde poni potest

$$\Delta = \partial_\alpha \partial_\beta + \frac{\partial m}{\partial \beta}\partial_\alpha + \frac{\partial n}{\partial \alpha}\partial_\beta$$

$$\Lambda = \partial_\alpha^2 + \partial_\beta^2 + 2\frac{\partial m}{\partial \alpha}\partial_\alpha + 2\frac{\partial n}{\partial \beta}\partial_\beta$$

denotantibus $m$, $n$ functiones ipsarum $\alpha$, $\beta$ quae jam duabus aequationibus differentialibus sufficere debent, ut coefficientes ipsarum $\partial_\alpha$, $\partial_\beta$ in expressione reducta $\Delta\Lambda$ evanescant.

Prorsus simili modo in reliquis casibus specialibus formae simplicissimae ipsarum $\Delta$ et $\Lambda$ inveniuntur conditioni

$$\Delta\Lambda = \Theta\Delta$$

satisfacientes. Sed huic disquisitioni prolixiori quam difficiliori hic non immoramur.

Caeterum patet in hoc casu temperaturam semper a $\gamma$ independentem manere, si temperatura initialis est functio quaelibet ipsarum $\alpha$ et $\beta$ aequationi $\Delta u = 0$ satisfaciens; sequitur enim ex aequationibus

$$\Delta u = 0$$

$$\Lambda u = \frac{\partial u}{\partial t}$$

$0 = \Theta\Delta u = \Delta\Lambda u = \Delta\partial_t u = \frac{\partial \Delta u}{\partial t}$ et proin aequatio $\Delta u = 0$ subsistere pergit, si initio valet et functio $u$ secundum aequationem $\Lambda u = \frac{\partial u}{\partial t}$ variatur. Tum autem satisfit legi motus caloris sive aequationi $F = 0$.

## 5.

Restat casus specialis alter ($\beta$) quando $\Delta\Lambda u = 0$ a $\Delta u = 0$ est independens. Ut simul et casus sequentes $m = 3$, $m = 4$ amplectemur, suppositionem generaliorem examinemus, praeter aequationem $\Delta u = 0$ haberi aequationem differentialem quamlibet linearem $\Theta u = 0$, ipsum $\frac{\partial u}{\partial t}$ non continentem et a $\Delta u = 0$ independentem.

Si $\Delta$ est formae $\partial_\alpha\partial_\beta + e\partial_\alpha + f\partial_\beta$, ope aequationis $\Delta u = 0$ expressio $\Theta$ a derivationibus secundum ambas variabiles liberari potest.

Iam duo distinguendi sunt casus.

Si ex expressione $\Theta$ omnes quotientes differentiales secundum alteram utram variabilem ex. gr. secundum $\beta$ simul excidunt, obtinetur aequatio differentialis solos quotientes differentiales secundum $\alpha$ continens formae

$$(1) \qquad \sum_\nu a_\nu \frac{\partial^\nu u}{\partial \alpha^\nu} = 0,$$

sin minus, semper elici poterit aequatio differentialis formae

(2) $$\sum_\nu a_\nu \frac{\partial^\nu u}{\partial t^\nu} = 0$$

sive solos quotientes differentiales secundum $t$ continens.

Nam in hoc casu expressiones $\Lambda u$, $\Lambda^2 u$, $\Lambda^3 u$, . ., quibus quotientes differentiales ipsius $u$ secundum $t$ aequales sunt, ope aequationum $\Delta u = 0$, $\Theta u = 0$ semper ita transformari possunt, ut solos quotientes differentiales secundum alteram utram variabilem contineant eosque non altiores quam $\Theta u$. Quorum numerus quum sit finitus, eliminando aequationem formae (2) obtineri posse manifestum est. Coefficientes $a_\nu$ utriusque aequationis sunt functiones ipsarum $\alpha$, $\beta$.

Observare conveniet, alteram utram harum aequationum semper valere etiamsi $\Delta$ non sit formae $\partial_\alpha \partial_\beta + e\partial_\alpha + f\partial_\beta$. Casus specialis, quando $\Delta = \partial_\alpha^2 + e\partial_\alpha + f\partial_\beta$ ad utrumque casum referri potest, quum ope aequationis $\Delta u = 0$ tum ex $\Theta u$, tum ex $\Lambda u$ omnes derivationes secundum $\beta$ ejici possint, quo facto aequatio utriusque formae facile obtinetur. Si $f = 0$, hic casus sicuti casus $\Delta = \partial_\alpha$ ad casum priorem referendus est.

Iam casum posteriorem accuratius perscrutemur.

Solutionem generalem aequationis

$$\sum_\nu a_\nu \frac{\partial^\nu u}{\partial t^\nu} = 0$$

e terminis formae $f(t)e^{\lambda t}$ conflatam esse constat, denotante $f(t)$ functionem integram ipsius $t$ et $\lambda$ quantitatem a $t$ non pendentem, facileque perspicitur, hos terminos singulos aequationi (I) satisfacere debere. Iam demonstrabimus, fieri non posse ut sit $\lambda$ functio ipsarum $x_1$, $x_2$, $x_3$.

Sit $kt^n$ terminus summus functionis $f(t)$ distinguanturque duo casus.

1°. Quando $\lambda$ aut realis est aut formae $\mu + \nu i$ et $\mu$, $\nu$ functiones unius variabilis realis $\alpha$ ipsarum $x_1$, $x_2$, $x_3$, substituendo $u = f(t)e^{\lambda t}$ in parte laeva aequationis (I) coëfficiens ipsius $t^{n+2}e^{\lambda t}$ invenitur

$$= k\left(\frac{\partial \lambda}{\partial \alpha}\right)^2 \sum_{\iota,\iota'} a_{\iota,\iota'} \frac{\partial \alpha}{\partial x_\iota}\frac{\partial \alpha}{\partial x_{\iota'}}.$$

Sed haec quantitas evanescere nequit, nisi

$$\frac{\partial \alpha}{\partial x_1} = \frac{\partial \alpha}{\partial x_2} = \frac{\partial \alpha}{\partial x_3} = 0$$

sive $\alpha =$ const., quum forma

$$\begin{pmatrix} a_{1,1}, & a_{2,2}, & a_{3,3} \\ a_{2,3}, & a_{3,1}, & a_{1,2} \end{pmatrix}$$

ut supra monuimus, sit forma positiva.

2°. Quando $\lambda$ est formae $\mu + \nu i$ et $\mu$, $\nu$ sunt functiones independentes ipsarum $x_1$, $x_2$, $x_3$, quantitates $\mu + \nu i$ et $\mu - \nu i$ pro variabilibus independentibus $\alpha$ et $\beta$ sumi poterunt continebitque ipsum $u$ praeter terminum $f(t)e^{\alpha t}$ etiam terminum complexum conjugatum $\varphi(t)e^{\beta t}$. Quodsi

$$\varDelta u = a\frac{\partial^2 u}{\partial \alpha^2} + b\frac{\partial^2 u}{\partial \alpha \partial \beta} + c\frac{\partial^2 u}{\partial \beta^2} + e\frac{\partial u}{\partial \alpha} + f\frac{\partial u}{\partial \beta}$$

est, ex aequatione $\varDelta u = 0$ substituendo $u = f(t)e^{\alpha t}$ et aequando coefficientem ipsius $t^{n+2}e^{\alpha t}$ cifrae, obtinetur $a = 0$ et perinde $c = 0$ substituondo $u = \varphi(t)e^{\beta t}$. Unde ope aequationis $\varDelta u = 0$ aequatio $\varDelta u = \frac{\partial u}{\partial t}$ ita transformari potest, ut solos quotientes differentiales secundum alteram utram variabilem contineat. Sed substituendo

$$u = f(t)e^{\alpha t}, \; u = \varphi(t)e^{\beta t}$$

coefficiens summi cujusque horum quotientium differentialium invenitur $= 0$, unde et hi quotientes differentiales ex aequatione $\varDelta u = \frac{\partial u}{\partial t}$ omnes excidere debent, q. e. a., quum $u$ ex hyp. non sit constans.

In casu igitur posteriori functio $u$ componitur e numero finito terminorum formae $f(t)e^{\lambda t}$, in quibus $\lambda$ est constans et $f(t)$ functio integra ipsius $t$.

In casu priori quando habetur aequatio formae

$$\sum a_\nu \frac{\partial^\nu u}{\partial \alpha^\nu} = 0, \tag{1}$$

functio $u$ erit formae

$$u = \sum_\nu q_\nu p_\nu,$$

denotantibus $p_1, p_2, \ldots$ solutiones particulares aequationis (1) et $q_1, q_2, \ldots$ constantes arbitrarias sive functiones solarum $\beta$ et $t$. Quodsi haec expressio in aequatione

$$\varDelta u = \frac{\partial u}{\partial t}$$

substituitur, obtinetur aequatio formae

$$\sum PQ = 0,$$

in qua quantitates $Q$ sunt quotientes differentiales ipsarum $q$ ideoque functiones solarum $\beta$ et $t$, quantitates $P$ autem functiones solarum $\alpha$ et $\beta$. At tali aequationi supra vidimus, si ex $n$ terminis componatur, subjacere $\mu$ aequationes lineares inter functiones $Q$ et $n - \mu$ aequationes inter functiones $P$, quarum coefficientes sint functiones solius $\beta$, denotante $\mu$ quempiam numerorum $0, 1, 2, \ldots, n$. Obtinebuntur igitur expressiones ipsarum $\frac{\partial q}{\partial t}$ per quotientes differentiales ipsarum $q$ secundum $\beta$ ab ipsa $\alpha$ liberae.

Iam casus singulos problematis nostri ad hunc casum pertinentes perlustremus.

Quando $m = 2$ et $\varDelta$ est formae $\partial_\alpha \partial_\beta + e\partial_\alpha + f\partial_\beta$ aequatio reducta $\varDelta \varLambda u = 0$, si a quotientibus differentialibus secundum $\beta$ libera evadit, formam induet:

$$\frac{\partial^3 u}{\partial \alpha^3} + r\frac{\partial^2 u}{\partial \alpha^2} + s\frac{\partial u}{\partial \alpha} = 0$$

unde $u$ erit formae

$$ap + bq + c$$

denotantibus $a$, $b$, $c$ functiones solarum $\beta$ et $t$, $p$ et $q$ autem functiones solarum $\alpha$ et $\beta$. Iam in locum ipsius $\alpha$ variabilis independens $q$ introduci potest. Quo pacto obtinetur

$$u = ap + b\alpha + c$$

ubi jam sola $p$ est functio ambarum variabilium $\alpha$ et $\beta$. Substituendo hanc expressionem in aequationibus

$$\varDelta u = 0, \qquad \varLambda u = \frac{\partial u}{\partial t}$$

coefficientium formae facile eruuntur.

Restat casus quando jam una aequationum, in quas aequatio $F = 0$ discinditur, formam (1) habet, ideoque formam

$$r\frac{\partial^2 u}{\partial \alpha^2} + s\frac{\partial u}{\partial \alpha} = 0$$

Tum erit $u = ap + b$ denotantibus $a$ et $b$ functiones solarum $\beta$ et $t$, et $p$ functionem solarum $\alpha$ et $\beta$. Si in locum ipsius $\alpha$ variabilis independens $p$ introducitur, prodibit

$$u = a\,\alpha + b, \qquad \frac{\partial^2 u}{\partial \alpha^2} = 0.$$

Invenimus igitur, si $m$ sit $= 2$ sive aequatio $F = 0$ in duas aequationes

$$\varDelta u = 0$$
$$\varLambda u = \frac{\partial u}{\partial t}$$

dissolvatur, esse aut $\varDelta \varLambda = \Theta \varDelta$, aut functionem $u$ compositam esse e numero finito terminorum formae $f(t)e^{\lambda t}$, in quibus $\lambda$ constans et $f(t)$ functio integra ipsius $t$ est, aut formam induere

$$\varphi(\beta, t)\,\chi(\alpha, \beta) + \alpha\varphi_1(\beta, t) + \varphi_2(\beta, t),$$

si $m = 3$, functionem $u$ aut esse e numero finito terminorum $f(t)e^{\lambda t}$ conflatam aut formae

$$\varphi(\beta, t)\alpha + \varphi_1(\beta, t).$$

Casus denique $m = 4$ nullo negotio penitus absolvi potest.

Si enim praeter aequationem $\Delta u = \frac{\partial u}{\partial t}$ habentur tres aequationes inter

$$\frac{\partial^2 u}{\partial \alpha^2}, \frac{\partial^2 u}{\partial \alpha \partial \beta}, \frac{\partial^2 u}{\partial \beta^2}, \frac{\partial u}{\partial \alpha}, \frac{\partial u}{\partial \beta},$$

aut prodibit aequatio formae

$$r\frac{\partial u}{\partial \alpha} + s\frac{\partial u}{\partial \beta} = 0$$

et proin variabiles independentes ita eligere licebit, ut $u$ fiat functio unius tantum variabilis, aut

$$\frac{\partial^2 u}{\partial \alpha^2}, \frac{\partial^2 u}{\partial \alpha \partial \beta}, \frac{\partial^2 u}{\partial \beta^2},$$

ideoque etiam $\Delta u$, $\Delta^2 u$, $\Delta^3 u$ per $\frac{\partial u}{\partial \alpha}$, $\frac{\partial u}{\partial \beta}$ exprimi poterunt. Tum autem emerget aequatio formae

$$a\frac{\partial^3 u}{\partial t^3} + b\frac{\partial^2 u}{\partial t^2} + c\frac{\partial u}{\partial t} = 0,$$

unde $u$ habebit formam

$$p e^{\lambda t} + q e^{\mu t} + r \text{ vel } (p + qt)e^{\lambda t} + r$$

constatque per praecedentia $\lambda$ et $\mu$ esse constantes.

Iam sumta $p$ pro variabili independente $\alpha$ et substitutis his expressionibus in aequatione $\Delta u = \frac{\partial u}{\partial t}$ invenitur fieri non posse ut $q$ sit functio ipsius $\alpha$, siquidem $\lambda$ et $\mu$ sint inaequales. Ergo $p$ et $q$ vice variabilium independentium fungi possunt. Praeterea ex aequatione $\Delta u = \frac{\partial u}{\partial t}$ invenitur $r = \text{const.}$

In hoc igitur casu $u$ aut est functio ipsius $t$ et unius tantum variabilis, aut alteram utram formarum

$$\alpha e^{\lambda t} + \beta e^{\mu t} + \text{const.} \quad (\alpha + \beta t)e^{\lambda t} + \text{const.}$$

induet, valore $\mu = 0$ non excluso.

Postquam formae quas functio $u$ induere potest inventae sunt, aequationes $F_\nu = 0$, quas brevitati consulentes perscribere noluimus, facillimae sunt formatu. Unde in singulis quibusque casibus et forma

$$\begin{pmatrix} b_{1,1}, & b_{2,2}, & b_{3,3} \\ b_{2,3}, & b_{3,1}, & b_{1,2} \end{pmatrix}$$

et forma adjuncta

$$\begin{pmatrix} \beta_{1,1}, & \beta_{2,2}, & \beta_{3,3} \\ \beta_{2,3}, & \beta_{3,1}, & \beta_{1,2} \end{pmatrix}$$

innotescet. Si jam in expressionibus $\Sigma \beta_{\iota,\iota'}\, ds_\iota\, ds_{\iota'}$ in locos quantitatum $s_1$, $s_2$, $s_3$ functiones quaelibet ipsarum $x_1$, $x_2$, $x_3$ substituuntur, manifesto obtinebuntur casus omnes, in quibus $u$ functio temporis et duarum tantum variabilium fieri possit. Unde quaestio prior soluta erit.

Superest ut quaeramus, quando expressio $\Sigma \beta_{\iota,\iota'} ds_\iota ds_{\iota'}$ in formam datam $\Sigma \alpha_{\iota,\iota'} dx_\iota dx_{\iota'}$ transformari possit.

## Pars secunda.

### De transformatione expressionis $\sum_{\iota,\iota'} b_{\iota,\iota'} ds_\iota ds_{\iota'}$ in formam datam $\sum_{\iota,\iota'} a_{\iota,\iota'} dx_\iota dx_{\iota'}$.

Quum quaestio ab Ill$^{\text{ma}}$ Academia ad corpora homogenea restricta sit, in quibus conductibilitates resultantes sint constantes, evolvamus primum conditiones, ut expressio $\sum_{\iota,\iota'} b_{\iota,\iota'} ds_\iota ds_{\iota'}$, aequando quantitates $s$ functionibus ipsarum $x$, in formam $\sum_{\iota,\iota'} a_{\iota,\iota'} dx_\iota dx_{\iota'}$, constantibus coefficientibus $a_{\iota,\iota'}$ affectam transformari possit. Deinde de transformatione in formam quamlibet datam pauca adjiciemus.

Expressionem $\sum_{\iota,\iota'} a_{\iota,\iota'} dx_\iota dx_{\iota'}$, si est, id quod supponimus, forma positiva ipsarum $dx$, semper in formam $\sum_\iota dx_\iota^2$ redigi posse constat. Unde si $\sum_{\iota,\iota'} b_{\iota,\iota'} ds_\iota ds_{\iota'}$ in formam $\sum_{\iota,\iota'} a_{\iota,\iota'} dx_\iota dx_{\iota'}$ transformari potest, redigi etiam potest in formam $\sum_\iota dx_\iota^2$ et vice versa. Quaeramus igitur, quando in formam $\sum_\iota dx_\iota^2$ transformari possit.

Sit determinans $\Sigma \pm b_{1,1}\, b_{2,2} \ldots b_{n,n} = B$ et determinantes partiales $= \beta_{\iota,\iota'}$; quo pacto erit $\sum_\iota \beta_{\iota,\iota'} b_{\iota,\iota'} = B$ et $\sum_\iota \beta_{\iota,\iota'} b_{\iota,\iota''} = 0$, si $\iota' \gtrless \iota''$.

Si $\sum_{\iota,\iota'} b_{\iota,\iota'} ds_\iota ds_{\iota'} = \sum_\iota dx_\iota^2$ pro valoribus quibuslibet ipsarum $dx$, substituendo $d + \delta$ pro $d$ invenitur etiam $\sum_{\iota,\iota'} b_{\iota,\iota'} ds_\iota \delta s_{\iota'} = \sum_\iota dx_\iota \delta x_\iota$ pro valoribus quibuslibet ipsarum $dx$ et $\delta x$.

Hinc si quantitates $ds_\iota$ per $dx_\iota$ et quantitates $\delta x_\iota$ per quantitates $\delta s_\iota$ exprimuntur, sequitur

$$\frac{\partial x_{\nu'}}{\partial s_\nu} = \sum_\iota b_{\nu,\iota} \frac{\partial s_\iota}{\partial x_{\nu'}} \tag{1}$$

et proinde

$$\frac{\partial s_\iota}{\partial x_{\nu'}} = \sum_\nu \frac{\beta_{\nu,\iota}}{B} \frac{\partial x_{\nu'}}{\partial s_\nu}, \tag{2}$$

Unde porro deducitur, quoniam sit

$$\sum_\nu \frac{\partial s_\iota}{\partial x_\nu} \frac{\partial x_\nu}{\partial s_\iota} = 1 \text{ et } \sum_\nu \frac{\partial s_\iota}{\partial x_\nu} \frac{\partial x_\nu}{\partial s_{\iota'}} = 0, \text{ si } \iota \gtrless \iota',$$

$$(3)\quad \sum \frac{\partial x}{\partial s_\iota}\frac{\partial x}{\partial s_{\iota'}} = b_{\iota,\iota'},\qquad (4)\quad \sum \frac{\partial s_\iota}{\partial x}\frac{\partial s_{\iota'}}{\partial x} = \frac{\beta_{\iota,\iota'}}{B}$$

et differentiando formulam (3)

$$\sum \frac{\partial^2 x}{\partial s_\iota \partial s_{\iota''}}\frac{\partial x}{\partial s_{\iota'}} + \sum \frac{\partial^2 x}{\partial s_{\iota'}\partial s_{\iota''}}\frac{\partial x}{\partial s_\iota} = \frac{\partial b_{\iota,\iota'}}{\partial s_{\iota''}}.$$

Iam ex his ipsarum

$$\frac{\partial b_{\iota,\iota'}}{\partial s_{\iota''}},\quad \frac{\partial b_{\iota,\iota''}}{\partial s_{\iota'}},\quad \frac{\partial b_{\iota',\iota''}}{\partial s_\iota}$$

expressionibus eruitur

$$(5)\qquad 2\sum \frac{\partial^2 x}{\partial s_{\iota'}\partial s_{\iota''}}\frac{\partial x}{\partial s_\iota} = \frac{\partial b_{\iota,\iota'}}{\partial s_{\iota''}} + \frac{\partial b_{\iota,\iota''}}{\partial s_{\iota'}} - \frac{\partial b_{\iota',\iota''}}{\partial s_\iota}$$

et si haec quantitas per $p_{\iota,\iota',\iota''}$ designatur

$$(6)\qquad 2\frac{\partial^2 x_\nu}{\partial s_{\iota'}\partial s_{\iota''}} = \sum_\iota \frac{\partial s_\iota}{\partial x_\nu} p_{\iota,\iota',\iota''}.$$

Quantitatibus $p_{\iota,\iota',\iota''}$ iterum differentiatis obtinetur

$$\frac{\partial p_{\iota,\iota',\iota''}}{\partial s_{\iota'''}} - \frac{\partial p_{\iota,\iota',\iota'''}}{\partial s_{\iota''}} = 2\sum \frac{\partial^2 x}{\partial s_{\iota'}\partial s_{\iota''}}\frac{\partial^2 x}{\partial s_\iota \partial s_{\iota'''}} - 2\sum \frac{\partial^2 x}{\partial s_{\iota'}\partial s_{\iota'''}}\frac{\partial^2 x}{\partial s_\iota \partial s_{\iota''}}$$

unde tandem prodit, substitutis valoribus modo inventis (6) et (4)

$$(\mathrm{I})\qquad \begin{aligned}&\frac{\partial^2 b_{\iota,\iota''}}{\partial s_{\iota'}\partial s_{\iota'''}} + \frac{\partial^2 b_{\iota',\iota'''}}{\partial s_\iota \partial s_{\iota''}} - \frac{\partial^2 b_{\iota,\iota'''}}{\partial s_{\iota'}\partial s_{\iota''}} - \frac{\partial^2 b_{\iota',\iota''}}{\partial s_\iota \partial s_{\iota'''}}\\ &+ \tfrac{1}{2}\sum_{\nu,\nu'} (p_{\nu,\iota',\iota'''}\, p_{\nu',\iota,\iota''} - p_{\nu,\iota,\iota'''}\, p_{\nu',\iota',\iota''})\frac{\beta_{\nu,\nu'}}{B} = 0\end{aligned}$$

Hujus modi igitur aequationibus functiones $b$ satisfaciant necesse est, quando $\sum\limits_{\iota,\iota'} b_{\iota,\iota'}\, ds_\iota\, ds_{\iota'}$ in formam $\sum\limits_\iota dx_\iota^2$ transformari potest; partes laevas harum aequationum designabimus per

$$(\iota\iota', \iota''\iota''').$$

Ut indoles harum aequationum melius perspiciatur, formetur expressio

$$\delta\delta \sum b_{\iota,\iota'}\, ds_\iota\, ds_{\iota'} - 2d\delta \sum b_{\iota,\iota'}\, ds_\iota\, \delta s_{\iota'} + dd\sum b_{\iota,\iota'}\, \delta s_\iota\, \delta s_{\iota'}$$

determinatis variationibus secundi ordinis $d^2$, $d\delta$, $\delta^2$ ita, ut sit

$$\delta' \sum b_{\iota,\iota'}\, ds_\iota\, \delta s_{\iota'} - \delta\sum b_{\iota,\iota'}\, ds_\iota\, \delta' s_{\iota'} - d\sum b_{\iota,\iota'}\, \delta s_\iota\, \delta' s_{\iota'} = 0$$

$$\delta' \sum b_{\iota,\iota'}\, ds_\iota\, ds_{\iota'} - 2d\sum b_{\iota,\iota'}\, ds_\iota\, \delta' s_{\iota'} = 0$$

$$\delta' \sum b_{\iota,\iota'}\, \delta s_\iota\, \delta s_{\iota'} - 2\delta\sum b_{\iota,\iota'}\, \delta s_\iota\, \delta' s_{\iota'} = 0,$$

denotante $\delta'$ variationem quamcunque. Quo pacto haec expressio invenietur

$$\text{(II)} \quad = \sum (\iota\iota', \iota''\iota''')(ds_\iota \, \delta s_{\iota'} - ds_{\iota'} \, \delta s_\iota)(ds_{\iota''} \, \delta s_{\iota'''} - ds_{\iota'''} \, \delta s_{\iota''}).$$

Iam ex hac formatione hujus expressionis sponte patet, mutatis variabilibus independentibus transmutari eam in expressionem a nova forma ipsius $\Sigma \, b_{\iota,\iota'} \, ds_\iota \, ds_{\iota'}$ eadem lege dependentem. At si quantitates $b$ sunt constantes, omnes coefficientes expressionis (II) cifrae aequales evadunt. Unde si $\Sigma \, b_{\iota,\iota'} \, ds_\iota \, ds_{\iota'}$ in expressionem similem constantibus coëfficientibus affectam transformari potest expressio (II) identice evanescat necesse est.

Perinde patet, si expressio (II) non evanescat, expressionem

$$\text{(III)} \quad -\frac{1}{2} \frac{\sum (\iota\iota', \iota''\iota''')(ds_\iota \, \delta s_{\iota'} - ds_{\iota'} \, \delta s_\iota)(ds_{\iota''} \, \delta s_{\iota'''} - ds_{\iota'''} \, \delta s_{\iota''})}{\sum b_{\iota,\iota'} \, ds_\iota \, ds_{\iota'} \sum b_{\iota,\iota'} \, \delta s_\iota \, \delta s_{\iota'} - \left(\sum b_{\iota,\iota'} \, ds_\iota \, \delta s_{\iota'}\right)^2}$$

mutatis variabilibus independentibus non mutari, insuperque immutatam manere si in locos variationum $ds_\iota$, $\delta s_\iota$ expressiones ipsarum lineares quaelibet independentes $\alpha \, ds_\iota + \beta \, \delta s_\iota$, $\gamma \, ds_\iota + \delta \, \delta s_\iota$ substituantur. Valores autem maximi et minimi hujus functionis (III) ipsarum $ds_\iota$, $\delta s_\iota$ neque a forma expressionis $\Sigma \, b_{\iota,\iota'} \, ds_\iota \, ds_{\iota'}$ neque a valoribus variationum $ds_\iota$, $\delta s_\iota$ pendebunt, unde ex his valoribus dignosci poterit, an duae hujusmodi expressiones in se transformari possint.

Disquisitiones haece interpretatione quadam geometrica illustrari possunt, quae quamquam conceptibus inusitatis nitatur, tamen obiter eam addigitavisse juvabit.

Expressio $\sqrt{\Sigma \, b_{\iota,\iota'} \, ds_\iota \, ds_{\iota'}}$ spectari potest tanquam elementum lineare in spatio generaliore $n$ dimensionum nostrum intuitum transcendente. Quodsi in hoc spatio a puncto $(s_1, s_2, .. s_n)$ ducantur omnes lineae brevissimae, in quarum elementis initialibus variationes ipsarum $s$ sunt ut $\alpha \, ds_1 + \beta \, \delta s_1 : \alpha \, ds_2 + \beta \, \delta s_2 : \ldots : \alpha \, ds_n + \beta \, \delta s_n$, denotantibus $\alpha$ et $\beta$ quantitates quaslibet, hae lineae superficiem constituent, quam in spatium vulgare nostro intuitui subjectum evolvere licet. Quo pacto expressio (III) erit mensura curvaturae hujus superficiei in puncto $(s_1, s_2, .., s_n)$ (¹).

Si jam ad casum $n = 3$ redimus, expressio (II) est forma secundi gradus ipsarum

$$ds_2 \, \delta s_3 - ds_3 \, \delta s_2, \quad ds_3 \, \delta s_1 - ds_1 \, \delta s_3, \quad ds_1 \, \delta s_2 - ds_2 \, \delta s_1$$

unde in hoc casu sex obtinemus aequationes, quibus functiones $b$ satisfacere debent, ut $\Sigma \, b_{\iota,\iota'} \, ds_\iota \, ds_{\iota'}$ in formam constantibus coefficientibus gaudentem transformari possit. Nec difficile, ope notionum modo traditarum, est demonstratu, has sex conditiones, ut hoc fieri possit, sufficere. Observandum tamen est ternas tantum esse a se independentes.

---

Iam ut quaestionem ab Ill[ma] Academia propositam persolvamus, in his sex aequationibus formae functionum $b$, methodo supra exposita inventae, sunt substituendae, quo pacto omnes casus invenientur, in quibus temperatura $u$ in corporibus homogeneis functio temporis et duarum tantum variabilium fieri possit.

Sed angustia temporis non permisit hos calculos perscribere. Contenti igitur esse debemus, postquam methodos quibus usi sumus exposuimus, solutiones singulas quaestionis propositae enumerasse.

Si brevitatis causa casum simplicissimum, quando temperatura $u$ secundum legem

$$(\mathrm{I}) \qquad \frac{\partial^2 u}{\partial x_1^2} + \frac{\partial^2 u}{\partial x_2^2} + \frac{\partial^2 u}{\partial x_3^2} = aa\frac{\partial u}{\partial t}$$

variatur, solum respicimus, ad quem casus reliquas facile reduci posse constat: casus $m = 1$ tum tantum evenire potest, quando $u$ est constans aut in lineis rectis parallelis, aut in circulis helicibusve, ita ut coordinatis rectangularibus $z$, $r\cos\varphi$, $r\sin\varphi$ rite electis, poni possit $\alpha = r$, $\beta = z + \varphi\,.\,\mathrm{const.}$

Casus $m = 2$ locum inveniet si $u = f(\alpha) + \varphi(\beta)$, casus $m = 3$, si $u = \alpha e^{\lambda t} + f(\beta)$, denotante $\lambda$ constantem realem, casus denique $m = 4$, ut jam supra invenimus, si $u$ est aut $= \alpha e^{\lambda t} + \beta e^{\mu t} + \mathrm{const.}$, aut $= (\alpha + \beta t)e^{\lambda t} + \mathrm{const.}$, aut $= f(\alpha)$.

Iam ut formae functionis $u$ penitus innotescant, annotari tantum opus est, temperaturam $u$, nisi sit formae $\alpha e^{\lambda t}$, tum tantum functionem temporis et unius variabilis esse posse, quando sit constans aut in planis parallelis, aut in cylindris eadem axi gaudentibus, aut in sphaeris concentricis. Si $u$ est formae $\alpha e^{\lambda t}$, ex aequatione differentiali (I) sequitur

$$\frac{\partial^2 \alpha}{\partial x_1^2} + \frac{\partial^2 \alpha}{\partial x_2^2} + \frac{\partial^2 \alpha}{\partial x_3^2} = \lambda aa\alpha$$

et perinde in casu quarto substituendo valores ipsius $u$ in aequatione differentiali (I), functiones $\alpha$ et $\beta$ facile determinantur, dummodo animadvertas, in hoc casu $\alpha e^{\lambda t}$ et $\beta e^{\mu t}$ esse posse quantitates complexas conjugatas.([2])

---

H Minkowski

# GESAMMELTE ABHANDLUNGEN

VON

# HERMANN MINKOWSKI

UNTER MITWIRKUNG VON

**ANDREAS SPEISER** UND **HERMANN WEYL**

HERAUSGEGEBEN VON

**DAVID HILBERT**

ZWEITER BAND

**MIT EINEM BILDNIS HERMANN MINKOWSKIS**
**34 FIGUREN IM TEXT UND EINER DOPPELTAFEL**

LEIPZIG UND BERLIN
DRUCK UND VERLAG VON B. G. TEUBNER
1911

# XXXII.

# Raum und Zeit.

(Vortrag, gehalten auf der 80. Naturforscher-Versammlung zu Köln am 21. Sept. 1908.)

(Physikalische Zeitschrift, 10. Jahrgang, 1909, S. 104—111 und Jahresbericht der Deutschen Mathematiker-Vereinigung, Bd. 18, S. 75—88; auch als Sonderabdruck erschienen, Leipzig, B. G. Teubner 1909.)*)

M. H.! Die Anschauungen über Raum und Zeit, die ich Ihnen entwickeln möchte, sind auf experimentell-physikalischem Boden erwachsen. Darin liegt ihre Stärke. Ihre Tendenz ist eine radikale. Von Stund an sollen Raum für sich und Zeit für sich völlig zu Schatten herabsinken, und nur noch eine Art Union der beiden soll Selbständigkeit bewahren.

## I.

Ich möchte zunächst ausführen, wie man von der gegenwärtig angenommenen Mechanik wohl durch eine rein mathematische Überlegung zu veränderten Ideen über Raum und Zeit kommen könnte. Die Gleichungen der Newtonschen Mechanik zeigen eine zweifache Invarianz. Einmal bleibt ihre Form erhalten, wenn man das zugrunde gelegte räumliche Koordinatensystem einer beliebigen *Lagenveränderung* unterwirft, zweitens, wenn man es in seinem Bewegungszustande verändert, nämlich ihm irgendeine *gleichförmige Translation* aufprägt; auch spielt der Nullpunkt der Zeit keine Rolle. Man ist gewohnt, die Axiome der Geometrie als erledigt anzusehen, wenn man sich reif für die Axiome der Mechanik fühlt, und deshalb werden jene zwei Invarianzen wohl selten in einem Atemzuge genannt. Jede von ihnen bedeutet eine gewisse Gruppe von Transformationen in sich für die Differentialgleichungen der Mechanik. Die Existenz der ersteren Gruppe sieht man als einen fundamentalen Charakter des Raumes an. Die zweite Gruppe straft man am liebsten mit Verachtung, um leichten Sinnes darüber hinwegzukommen, daß man von den physikalischen Erscheinungen her niemals entscheiden kann, ob der als ruhend vorausgesetzte Raum sich nicht am Ende in einer gleichförmigen Translation befindet. So führen jene zwei Gruppen ein völlig getrenntes Dasein nebeneinander. Ihr gänzlich heterogener Charakter mag davon abgeschreckt haben, sie zu komponieren. Aber gerade die komponierte volle Gruppe als Ganzes gibt uns zu denken auf.

*) Dem Vortrag war im Sonderabdruck ein Bildnis Minkowskis als Titelbild beigegeben. (Anm. d. Herausg.)

Wir wollen uns die Verhältnisse graphisch zu veranschaulichen suchen. Es seien $x, y, z$ rechtwinklige Koordinaten für den Raum und $t$ bezeichne die Zeit. Gegenstand unserer Wahrnehmung sind immer nur Orte und Zeiten verbunden. Es hat niemand einen Ort anders bemerkt als zu einer Zeit, eine Zeit anders als an einem Orte. Ich respektiere aber noch das Dogma, daß Raum und Zeit je eine unabhängige Bedeutung haben. Ich will einen Raumpunkt zu einem Zeitpunkt, d. i. ein Wertsystem $x, y, z, t$ einen *Weltpunkt* nennen. Die Mannigfaltigkeit aller denkbaren Wertsysteme $x, y, z, t$ soll die *Welt* heißen. Ich könnte mit kühner Kreide vier Weltachsen auf die Tafel werfen. Schon *eine* gezeichnete Achse besteht aus lauter schwingenden Molekülen und macht zudem die Reise der Erde im All mit, gibt also bereits genug zu abstrahieren auf; die mit der Anzahl 4 verbundene etwas größere Abstraktion tut dem Mathematiker nicht wehe. Um nirgends eine gähnende Leere zu lassen, wollen wir uns vorstellen, daß allerorten und zu jeder Zeit etwas Wahrnehmbares vorhanden ist. Um nicht Materie oder Elektrizität zu sagen, will ich für dieses Etwas das Wort Substanz brauchen. Wir richten unsere Aufmerksamkeit auf den im Weltpunkt $x, y, z, t$ vorhandenen substantiellen Punkt und stellen uns vor, wir sind imstande, diesen substantiellen Punkt zu jeder anderen Zeit wiederzuerkennen. Einem Zeitelement $dt$ mögen die Änderungen $dx, dy, dz$ der Raumkoordinaten dieses substantiellen Punktes entsprechen. Wir erhalten alsdann als Bild sozusagen für den ewigen Lebenslauf des substantiellen Punktes eine Kurve in der Welt, eine *Weltlinie*, deren Punkte sich eindeutig auf den Parameter $t$ von $-\infty$ bis $+\infty$ beziehen lassen. Die ganze Welt erscheint aufgelöst in solche Weltlinien, und ich möchte sogleich vorwegnehmen, daß meiner Meinung nach die physikalischen Gesetze ihren vollkommensten Ausdruck als Wechselbeziehungen unter diesen Weltlinien finden dürften.

Durch die Begriffe Raum und Zeit fallen die $x, y, z$-Mannigfaltigkeit $t = 0$ und ihre zwei Seiten $t > 0$ und $t < 0$ auseinander. Halten wir der Einfachheit wegen den Nullpunkt von Raum und Zeit fest, so bedeutet die zuerst genannte Gruppe der Mechanik, daß wir die $x, y, z$-Achsen in $t = 0$ einer beliebigen Drehung um den Nullpunkt unterwerfen dürfen, entsprechend den homogenen linearen Transformationen des Ausdrucks

$$x^2 + y^2 + z^2$$

in sich. Die zweite Gruppe aber bedeutet, daß wir, ebenfalls ohne den Ausdruck der mechanischen Gesetze zu verändern,

$$x, y, z, t \quad \text{durch} \quad x - \alpha t,\ y - \beta t,\ z - \gamma t,\ t$$

mit irgendwelchen Konstanten $\alpha, \beta, \gamma$ ersetzen dürfen. Der Zeitachse kann hiernach eine völlig beliebige Richtung nach der oberen halben Welt $t > 0$ gegeben werden. Was hat nun die Forderung der Orthogonalität im Raume mit dieser völligen Freiheit der Zeitachse nach oben hin zu tun?

Die Verbindung herzustellen, nehmen wir einen positiven Parameter $c$ und betrachten das Gebilde

$$c^2t^2 - x^2 - y^2 - z^2 = 1.$$

Es besteht aus zwei durch $t = 0$ getrennten Schalen nach Analogie eines zweischaligen Hyperboloids. Wir betrachten die Schale im Gebiete $t > 0$ und wir fassen jetzt diejenigen homogenen linearen Transformationen von $x, y, z, t$ in vier neue Variable $x', y', z', t'$ auf, wobei der Ausdruck dieser Schale in den neuen Variablen entsprechend wird. Zu diesen Transformationen gehören offenbar die Drehungen des Raumes um den Nullpunkt. Ein volles Verständnis der übrigen jener Transformationen erhalten wir hernach bereits, wenn wir eine solche unter ihnen ins Auge fassen, bei der $y$ und $z$ ungeändert bleiben. Wir zeichnen (Fig. 1) den Durchschnitt jener Schale mit der Ebene der $x$- und der $t$-Achse, den oberen Ast der Hyperbel $c^2t^2 - x^2 = 1$, mit seinen Asymptoten. Ferner werde ein beliebiger Radiusvektor $OA'$ dieses Hyperbelastes vom Nullpunkte $O$ aus eingetragen, die Tangente in $A'$ an die Hyperbel bis zum Schnitte $B'$ mit der Asymptote rechts gelegt, $OA'B'$ zum Parallelogramm $OA'B'C'$ vervollständigt, endlich für das spätere noch $B'C'$ bis zum Schnitt $D'$ mit der $x$-Achse durchgeführt. Nehmen wir nun $OC'$ und $OA'$ als Achsen für Parallelkoordinaten $x', t'$ mit den Maßstäben $OC' = 1$, $OA' = 1/c$, so erlangt jener Hyperbelast wieder den Ausdruck $c^2t'^2 - x'^2 = 1$, $t' > 0$, und der Übergang von $x, y, z, t$ zu $x', y, z, t'$ ist eine der fraglichen Transformationen. Wir nehmen nun zu den charakterisierten Transformationen noch die beliebigen Verschiebungen des Raum- und Zeit-Nullpunktes hinzu und konstituieren damit eine offenbar noch von dem Parameter $c$ abhängige Gruppe von Transformationen, die ich mit $G_c$ bezeichne.

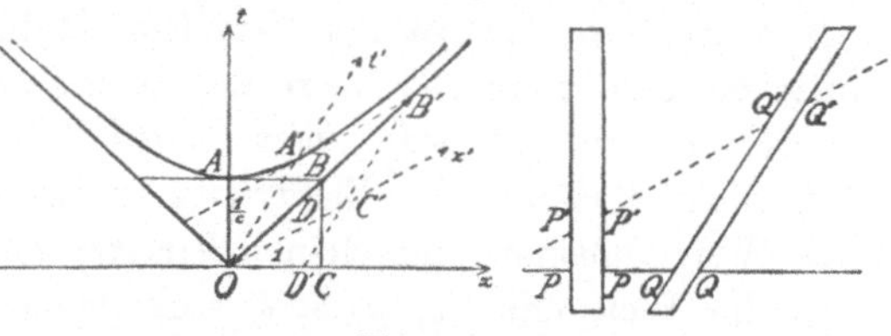

Fig. 1.

Lassen wir jetzt $c$ ins Unendliche wachsen, also $1/c$ nach Null konvergieren, so leuchtet an der beschriebenen Figur ein, daß der Hyperbelast sich immer mehr der $x$-Achse anschmiegt, der Asymptotenwinkel sich zu einem gestreckten verbreitert, jene spezielle Transformation in der Grenze sich in eine solche verwandelt, wobei die $t'$-Achse eine beliebige Richtung nach oben haben kann und $x'$ immer genauer sich an $x$ annähert. Mit Rücksicht hierauf ist klar, daß aus der Gruppe $G_c$ in der Grenze für $c = \infty$, also als Gruppe $G_\infty$, eben jene zu der Newtonschen Mechanik gehörige volle Gruppe wird. Bei dieser Sachlage, und da $G_c$ mathematisch verständlicher ist als $G_\infty$, hätte wohl ein Mathematiker in freier Phantasie auf den Gedanken verfallen können, daß am Ende die Naturerscheinungen tatsächlich eine Invarianz nicht bei der Gruppe $G_\infty$, sondern vielmehr bei einer Gruppe $G_c$ mit bestimmtem endlichen, nur in den gewöhnlichen Maßeinheiten *äußerst großen* $c$ besitzen. Eine solche Ahnung wäre ein außerordentlicher Triumph der reinen Mathematik gewesen. Nun, da die Mathematik hier nur mehr Treppenwitz bekundet, bleibt ihr doch die Genugtuung, daß sie dank ihren glücklichen Antezedenzien mit ihren in freier Fernsicht geschärften Sinnen die tiefgreifenden Konsequenzen einer solchen Ummodelung unserer Naturauffassung auf der Stelle zu erfassen vermag.

Ich will sogleich bemerken, um welchen Wert für $c$ es sich schließlich handeln wird. Für $c$ wird die *Fortpflanzungsgeschwindigkeit des Lichtes im leeren Raume* eintreten. Um weder vom Raum, noch von Leere zu sprechen, können wir diese Größe wieder als das Verhältnis der elektromagnetischen und der elektrostatischen Einheit der Elektrizitätsmenge kennzeichnen.

Das Bestehen der Invarianz der Naturgesetze für die bezügliche Gruppe $G_c$ würde nun so zu fassen sein:

Man kann aus der Gesamtheit der Naturerscheinungen durch sukzessiv gesteigerte Approximationen immer genauer ein Bezugsystem $x, y, z$ und $t$, Raum und Zeit, ableiten, mittels dessen diese Erscheinungen sich dann nach bestimmten Gesetzen darstellen. Dieses Bezugsystem ist dabei aber durch die Erscheinungen keineswegs eindeutig festgelegt. *Man kann das Bezugsystem noch entsprechend den Transformationen der genannten Gruppe $G_c$ beliebig verändern, ohne daß der Ausdruck der Naturgesetze sich dabei verändert.*

Z. B. kann man der beschriebenen Figur entsprechend auch $t'$ Zeit benennen, muß dann aber im Zusammenhange damit notwendig den Raum durch die Mannigfaltigkeit der drei Parameter $x', y, z$ definieren, wobei nun die physikalischen Gesetze mittels $x', y, z, t'$ sich genau ebenso ausdrücken würden, wie mittels $x, y, z, t$. Hiernach würden wir dann in der Welt nicht mehr *den* Raum, sondern unendlich viele Räume haben, analog wie es im dreidimensionalen Raume unendlich viele Ebenen gibt. Die dreidimensionale Geometrie wird ein Kapitel der vierdimensionalen Physik. Sie erkennen, weshalb ich am Eingange sagte, Raum und Zeit sollen zu Schatten herabsinken und nur eine Welt an sich bestehen.

## II.

Nun ist die Frage, welche Umstände zwingen uns die veränderte Auffassung von Raum und Zeit auf, widerspricht sie tatsächlich niemals den Erscheinungen, endlich gewährt sie Vorteile für die Beschreibung der Erscheinungen?

Bevor wir hierauf eingehen, sei eine wichtige Bemerkung vorangestellt. Haben wir Raum und Zeit irgendwie individualisiert, so entspricht einem ruhenden substantiellen Punkte als Weltlinie eine zur $t$-Achse parallele Gerade, einem gleichförmig bewegten substantiellen Punkte eine gegen die $t$-Achse geneigte Gerade, einem ungleichförmig bewegten substantiellen Punkte eine irgendwie gekrümmte Weltlinie. Fassen wir in einem beliebigen Weltpunkte $x, y, z, t$ die dort durchlaufende Weltlinie auf und finden wir sie dort parallel mit irgendeinem Radiusvektor $OA'$ der vorhin genannten hyperboloidischen Schale, so können wir $OA'$ als neue Zeitachse einführen, und bei den damit gegebenen neuen Begriffen von Raum und Zeit erscheint die Substanz in dem betreffenden Weltpunkte als ruhend. Wir wollen nun dieses fundamentale Axiom einführen:

*Die in einem beliebigen Weltpunkte vorhandene Substanz kann stets bei geeigneter Festsetzung von Raum und Zeit als ruhend aufgefaßt werden.*

Das Axiom bedeutet, daß in jedem Weltpunkte stets der Ausdruck

$$c^2 dt^2 - dx^2 - dy^2 - dz^2$$

positiv ausfällt oder, was damit gleichbedeutend ist, daß jede Geschwindigkeit $v$ stets kleiner als $c$ ausfällt. Es würde danach für alle substantiellen Geschwindigkeiten $c$ als obere Grenze bestehen und hierin eben die tiefere Bedeutung der Größe $c$ liegen. In dieser anderen Fassung hat das Axiom beim ersten Eindruck etwas Mißfälliges. Es ist aber zu bedenken, daß nun eine modifizierte Mechanik Platz greifen wird, in der die Quadratwurzel aus jener Differentialverbindung zweiten Grades eingeht, so daß Fälle mit Überlichtgeschwindigkeit nur mehr eine Rolle spielen werden, etwa wie in der Geometrie Figuren mit imaginären Koordinaten.

Der *Anstoß* und wahre Beweggrund *für die Annahme der Gruppe* $G_c$ nun kam daher, daß die Differentialgleichung für die Fortpflanzung von Lichtwellen im leeren Raume jene Gruppe $G_c$ besitzt*). Andererseits hat der Begriff starrer Körper nur in einer Mechanik mit der Gruppe $G_\infty$ einen Sinn. Hat man nun eine Optik mit $G_c$, und gäbe es andererseits

*) Eine wesentliche Anwendung dieser Tatsache findet sich bereits bei W. Voigt, Nachrichten der K. Gesellschaft der Wissenschaften zu Göttingen, mathematisch-physikalische Klasse, 1887, S. 41.

starre Körper, so ist leicht abzusehen, daß durch die zwei zu $G_c$ und zu $G_\infty$ gehörigen hyperboloidischen Schalen *eine* $t$-Richtung ausgezeichnet sein würde, und das würde weiter die Konsequenz haben, daß man an geeigneten starren optischen Instrumenten im Laboratorium einen Wechsel der Erscheinungen bei verschiedener Orientierung gegen die Fortschreitungsrichtung der Erde müßte wahrnehmen können. Alle auf dieses Ziel gerichteten Bemühungen, insbesondere ein berühmter Interferenzversuch von Michelson, hatten jedoch ein negatives Ergebnis. Um eine Erklärung hierfür zu gewinnen, bildete H. A. Lorentz eine Hypothese, deren Erfolg eben in der Invarianz der Optik für die Gruppe $G_c$ liegt. Nach Lorentz soll jeder Körper, der eine Bewegung besitzt, in Richtung der Bewegung eine Verkürzung erfahren haben und zwar bei einer Geschwindigkeit $v$ im Verhältnisse

$$1 : \sqrt{1 - \frac{v^2}{c^2}}.$$

Diese Hypothese klingt äußerst phantastisch. Denn die Kontraktion ist nicht etwa als Folge von Widerständen im Äther zu denken, sondern rein als Geschenk von oben, als Begleitumstand des Umstandes der Bewegung.

Ich will nun an unserer Figur zeigen, daß die Lorentzsche Hypothese völlig äquivalent ist mit der neuen Auffassung von Raum und Zeit, wodurch sie viel verständlicher wird. Abstrahieren wir der Einfachheit wegen von $y$ und $z$ und denken uns eine räumlich eindimensionale Welt, so sind ein wie die $t$-Achse aufrechter und ein gegen die $t$-Achse geneigter Parallelstreifen (siehe Fig. 1) Bilder für den Verlauf eines ruhenden, bezüglich eines gleichförmig bewegten Körpers, der jedesmal eine konstante räumliche Ausdehnung behält. Ist $OA'$ parallel dem zweiten Streifen, so können wir $t'$ als Zeit und $x'$ als Raumkoordinate einführen, und es erscheint dann der zweite Körper als ruhend, der erste als gleichförmig bewegt. Wir nehmen nun an, daß der erste Körper als ruhend aufgefaßt die Länge $l$ hat, d. h. der Querschnitt $PP$ des ersten Streifens auf der $x$-Achse $= l \cdot OC$ ist, wo $OC$ den Einheitsmaßstab auf der $x$-Achse bedeutet, und daß andererseits der zweite Körper *als ruhend aufgefaßt* die gleiche Länge $l$ hat; letzteres heißt dann, daß der *parallel der $x'$-Achse* gemessene Querschnitt des zweiten Streifens, $Q'Q' = l \cdot OC'$ ist. Wir haben nunmehr in diesen zwei Körpern Bilder von zwei *gleichen* Lorentzschen Elektronen, einem ruhenden und einem gleichförmig bewegten. Halten wir aber an den ursprünglichen Koordinaten $x$, $t$ fest, so ist als Ausdehnung des zweiten Elektrons der Querschnitt $QQ$ seines zugehörigen Streifens *parallel der $x$-Achse* anzugeben. Nun ist offenbar, da $Q'Q' = l \cdot OC'$

ist, $QQ = l \cdot OD'$. Eine leichte Rechnung ergibt, wenn $dx/dt$ für den zweiten Streifen $= v$ ist, $OD' = OC \cdot \sqrt{1 - \frac{v^2}{c^2}}$, also auch $PP : QQ = 1 : \sqrt{1 - \frac{v^2}{c^2}}$. Dies ist aber der Sinn der Lorentzschen Hypothese von der Kontraktion der Elektronen bei Bewegung. Fassen wir andererseits das zweite Elektron als ruhend auf, adoptieren also das Bezugsystem $x'$, $t'$, so ist als Länge des ersten der Querschnitt $P'P'$ seines Streifens parallel $OC'$ zu bezeichnen, und wir würden in genau dem nämlichen Verhältnisse das erste Elektron gegen das zweite verkürzt finden; denn es ist in der Figur

$$P'P' : Q'Q' = OD : OC' = OD' : OC = QQ : PP.$$

Lorentz nannte die Verbindung $t'$ von $x$ und $t$ *Ortszeit* des gleichförmig bewegten Elektrons und verwandte eine physikalische Konstruktion dieses Begriffs zum besseren Verständnis der Kontraktionshypothese. Jedoch scharf erkannt zu haben, daß die Zeit des einen Elektrons ebenso gut wie die des anderen ist, d. h. daß $t$ und $t'$ gleich zu behandeln sind, ist erst das Verdienst von A. Einstein*). Damit war nun zunächst die Zeit als ein durch die Erscheinungen eindeutig festgelegter Begriff abgesetzt. An dem Begriffe des Raumes rüttelten weder Einstein noch Lorentz, vielleicht deshalb nicht, weil bei der genannten speziellen Transformation, wo die $x'$, $t'$-Ebene sich mit der $x$, $t$-Ebene deckt, eine Deutung möglich ist, als sei die $x$-Achse des Raumes in ihrer Lage erhalten geblieben. Über den Begriff des Raumes in entsprechender Weise hinwegzuschreiten, ist auch wohl nur als Verwegenheit mathematischer Kultur einzutaxieren. Nach diesem zum wahren Verständnis der Gruppe $G_c$ jedoch unerläßlichen weiteren Schritt aber scheint mir das Wort *Relativitätspostulat* für die Forderung einer Invarianz bei der Gruppe $G_c$ sehr matt. Indem der Sinn des Postulats wird, daß durch die Erscheinungen nur die in Raum und Zeit vierdimensionale Welt gegeben ist, aber die Projektion in Raum und in Zeit noch mit einer gewissen Freiheit vorgenommen werden kann, möchte ich dieser Behauptung eher den Namen *Postulat der absoluten Welt* (oder kurz Weltpostulat) geben.

## III.

Durch das Weltpostulat wird eine gleichartige Behandlung der vier Bestimmungsstücke $x$, $y$, $z$, $t$ möglich. Dadurch gewinnen, wie ich jetzt

---

*) A. Einstein, Annalen der Physik, Bd. 17, 1905, S. 891; Jahrbuch der Radioaktivität und Elektronik, Bd. 4, 1907, S. 411.

ausführen will, die Formen, unter denen die physikalischen Gesetze sich abspielen, an Verständlichkeit. Vor allem erlangt der Begriff der *Beschleunigung* ein scharf hervortretendes Gepräge.

Ich werde mich einer geometrischen Ausdrucksweise bedienen, die sich sofort darbietet, indem man im Tripel $x, y, z$ stillschweigend von $z$ abstrahiert. Einen beliebigen Weltpunkt $O$ denke ich zum Raum-Zeit-Nullpunkt gemacht. Der *Kegel*

$$c^2t^2 - x^2 - y^2 - z^2 = 0$$

mit $O$ als Spitze (Fig. 2) besteht aus zwei Teilen, einem mit Werten $t < 0$, einem anderen mit Werten $t > 0$. Der erste, der *Vorkegel von $O$*, besteht, sagen wir, aus allen Weltpunkten, die „Licht nach $O$ senden", der zweite, der *Nachkegel von $O$*, aus allen Weltpunkten, die „Licht von $O$ empfangen." Das vom Vorkegel allein begrenzte Gebiet mag *diesseits von $O$*, das vom Nachkegel allein begrenzte *jenseits von $O$* heißen. Jenseits $O$ fällt die schon betrachtete hyperboloidische Schale

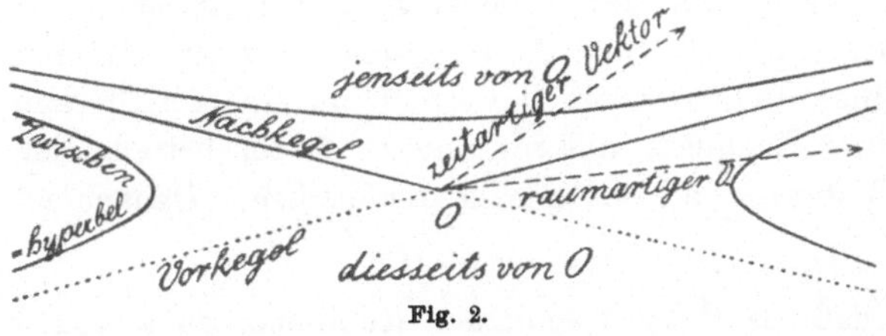

Fig. 2.

$$F = c^2t^2 - x^2 - y^2 - z^2 = 1, \; t > 0.$$

Das Gebiet *zwischen den Kegeln* wird erfüllt von den einschaligen hyperboloidischen Gebilden

$$-F = x^2 + y^2 + z^2 - c^2t^2 = k^2$$

zu allen konstanten positiven Werten $k^2$. Wichtig sind für uns die Hyperbeln mit $O$ als Mittelpunkt, die auf den letzteren Gebilden liegen. Die einzelnen Äste dieser Hyperbeln mögen kurz die *Zwischenhyperbeln zum Zentrum $O$* heißen. Ein solcher Hyperbelast würde, als Weltlinie eines substantiellen Punktes gedacht, eine Bewegung repräsentieren, die für $t = -\infty$ und $t = +\infty$ asymptotisch auf die Lichtgeschwindigkeit $c$ ansteigt.

Nennen wir in Analogie zum Vektorbegriff im Raume jetzt eine gerichtete Strecke in der Mannigfaltigkeit der $x, y, z, t$ einen *Vektor*, so haben wir zu unterscheiden zwischen den *zeitartigen* Vektoren mit Richtungen von $O$ nach der Schale $+F = 1$, $t > 0$ und den *raumartigen* Vektoren mit Richtungen von $O$ nach $-F = 1$. Die Zeitachse kann jedem Vektor der ersteren Art parallel laufen. Ein jeder Weltpunkt zwischen Vorkegel und Nachkegel von $O$ kann durch das Bezugsystem als *gleichzeitig* mit $O$, aber ebensogut auch als *früher* als $O$ oder als *später* als $O$ eingerichtet werden. Jeder Weltpunkt diesseits $O$ ist notwendig stets früher, jeder Weltpunkt jenseits $O$ notwendig stets später als $O$. Dem Grenzübergang zu $c = \infty$ würde ein völliges Zusammenklappen des keilförmigen Einschnittes zwischen den Kegeln in die ebene Mannigfaltigkeit $t = 0$ entsprechen. In den gezeichneten Figuren ist dieser Einschnitt absichtlich mit verschiedener Breite angelegt.

Einen beliebigen Vektor, wie von $O$ nach $x, y, z, t$, zerlegen wir in die vier *Komponenten* $x, y, z, t$. Sind die Richtungen zweier Vektoren beziehungsweise die eines Radiusvektors $OR$ von $O$ an eine der Flächen $\mp F = 1$ und dazu einer Tangente $RS$ im Punkte $R$ der betreffenden Fläche, so sollen die Vektoren *normal* zueinander heißen. Danach ist

$$c^2 t t_1 - x x_1 - y y_1 - z z_1 = 0$$

die Bedingung dafür, daß die Vektoren mit den Komponenten $x, y, z, t$ und $x_1, y_1, z_1, t_1$ normal zueinander sind.

Für die *Beträge* von Vektoren der verschiedenen Richtungen sollen die *Einheitsmaßstäbe* dadurch fixiert sein, daß einem raumartigen Vektor von $O$ nach $-F = 1$ stets der Betrag 1, einem zeitartigen Vektor von $O$ nach $+F = 1$, $t > 0$ stets der Betrag $1/c$ zugeschrieben wird.

Denken wir uns nun in einem Weltpunkte $P(x, y, z, t)$ die dort durchlaufende Weltlinie eines substantiellen Punktes, so entspricht danach dem zeitartigen Vektorelement $dx, dy, dz, dt$ im Fortgang der Linie der Betrag

$$d\tau = \frac{1}{c}\sqrt{c^2 dt^2 - dx^2 - dy^2 - dz^2}.$$

Das Integral $\int d\tau = \tau$ dieses Betrages auf der Weltlinie von irgendeinem fixierten Ausgangspunkte $P_0$ bis zu dem variablen Endpunkte $P$ geführt, nennen wir die *Eigenzeit* des substantiellen Punktes in $P$. Auf der Weltlinie betrachten wir $x, y, z, t$, d. s. die Komponenten des Vektors $OP$, als Funktionen der Eigenzeit $\tau$, bezeichnen deren erste Differentialquotienten nach $\tau$ mit $\dot{x}, \dot{y}, \dot{z}, \dot{t}$, deren zweite Differentialquotienten nach $\tau$ mit $\ddot{x}, \ddot{y}, \ddot{z}, \ddot{t}$ und nennen die zugehörigen Vektoren, die Ableitung des Vektors $OP$ nach $\tau$ den *Bewegungsvektor in $P$* und die Ableitung dieses Bewegungsvektors nach $\tau$ den *Beschleunigungsvektor in $P$*. Dabei gilt

$$c^2 \dot{t}^2 - \dot{x}^2 - \dot{y}^2 - \dot{z}^2 = c^2,$$

$$c^2 \dot{t}\ddot{t} - \dot{x}\ddot{x} - \dot{y}\ddot{y} - \dot{z}\ddot{z} = 0,$$

d. h. der Bewegungsvektor ist der zeitartige Vektor in Richtung der Weltlinie in $P$ vom Betrage 1 und der Beschleunigungsvektor in $P$ ist normal zum Bewegungsvektor in $P$, also jedenfalls ein raumartiger Vektor.

Nun gibt es, wie man leicht einsieht, einen bestimmten Hyperbelast, der mit der Weltlinie in $P$ drei unendlich benachbarte Punkte gemein hat und dessen Asymptoten Erzeugende eines Vorkegels und eines Nachkegels sind (siehe unten Fig. 3). Dieser Hyperbelast heiße die *Krümmungshyperbel* in $P$. Ist $M$ das Zentrum dieser Hyperbel, so handelt es sich also hier um eine Zwischenhyperbel zum Zentrum $M$. Es sei $\varrho$ der Betrag des Vektors $MP$, *so erkennen wir den Beschleunigungsvektor in $P$ als den Vektor in Richtung $MP$ vom Betrage $c^2/\varrho$.*

Sind $\ddot{x}, \ddot{y}, \ddot{z}, \ddot{t}$ sämtlich Null, so reduziert sich die Krümmungshyperbel auf die in $P$ die Weltlinie berührende Gerade, und es ist $\varrho = \infty$ zu setzen.

## IV.

Um darzutun, daß die Annahme der Gruppe $G_c$ für die physikalischen Gesetze nirgends zu einem Widerspruche führt, ist es unumgänglich, eine Revision der gesamten Physik auf Grund der Voraussetzung dieser Gruppe vorzunehmen. Diese Revision ist bereits in einem gewissen Umfange erfolgreich geleistet für Fragen der Thermodynamik und Wärmestrahlung*), für die elektromagnetischen Vorgänge, endlich für die Mechanik unter Aufrechterhaltung des Massenbegriffes**).

Für letzteres Gebiet ist vor allem die Frage aufzuwerfen: Wenn eine Kraft mit den Komponenten $X, Y, Z$ nach den Raumachsen in einem Weltpunkte $P(x, y, z, t)$ angreift, wo der Bewegungsvektor $\dot{x}, \dot{y}, \dot{z}, \dot{t}$ ist, als welche Kraft ist diese Kraft bei einer beliebigen Änderung des Bezugsystemes aufzufassen? Nun existieren gewisse erprobte Ansätze über die ponderomotorische Kraft im elektromagnetischen Felde in den Fällen, wo die Gruppe $G_c$ unzweifelhaft zuzulassen ist. Diese Ansätze führen zu der einfachen Regel: *Bei Änderung des Bezugsystemes ist die vorausgesetzte Kraft derart als Kraft in den neuen Raumkoordinaten anzusetzen, daß dabei der zugehörige Vektor mit den Komponenten*

$$\dot{t}X,\ \dot{t}Y,\ \dot{t}Z,\ \dot{t}T,$$

*wo*

$$T = \frac{1}{c^2}\left(\frac{\dot{x}}{\dot{t}}X + \frac{\dot{y}}{\dot{t}}Y + \frac{\dot{z}}{\dot{t}}Z\right)$$

*die durch $c^2$ dividierte Arbeitsleistung der Kraft im Weltpunkte ist, sich unverändert erhält.* Dieser Vektor ist stets normal zum Bewegungsvektor in $P$. Ein solcher, zu einer Kraft in $P$ gehörender Kraftvektor soll ein *bewegender Kraftvektor in $P$* heißen.

---

*) M. Planck, Zur Dynamik bewegter Systeme, Sitzungsberichte der k. preußischen Akademie der Wissenschaften zu Berlin, 1907, S. 542 (auch Annalen der Physik, Bd. 26, 1908, S. 1).

**) H. Minkowski, Die Grundgleichungen für die elektromagnetischen Vorgänge in bewegten Körpern, Nachrichten der k. Gesellschaft der Wissenschaft zu Göttingen, mathematisch-physikalische Klasse, 1908, S. 53 und Mathematische Annalen, Bd. 68, 1910, S. 527; diese Ges. Abhandlungen, Bd. II, S. 352.

Nun werde die durch $P$ laufende Weltlinie von einem substantiellen Punkte mit konstanter *mechanischer Masse m* beschrieben. Das $m$-fache des Bewegungsvektors in $P$ heiße der *Impulsvektor in P*, das $m$-fache des Beschleunigungsvektors in $P$ der *Kraftvektor der Bewegung in P*. Nach diesen Definitionen lautet das Gesetz dafür, wie die Bewegung eines Massenpunktes bei gegebenem bewegenden Kraftvektor statthat*):

*Der Kraftvektor der Bewegung ist gleich dem bewegenden Kraftvektor.*

Diese Aussage faßt vier Gleichungen für die Komponenten nach den vier Achsen zusammen, wobei die vierte, weil von vornherein beide genannten Vektoren normal zum Bewegungsvektor sind, sich als eine Folge der drei ersten ansehen läßt. Nach der obigen Bedeutung von $T$ stellt die vierte zweifellos den Energiesatz dar. Als *kinetische Energie* des Massenpunktes ist daher das *$c^2$-fache der Komponente des Impulsvektors nach der t-Achse* zu definieren. Der Ausdruck hierfür ist

$$m c^2 \frac{dt}{d\tau} = m c^2 \Big/ \sqrt{1 - \frac{v^2}{c^2}},$$

d. i. nach Abzug der additiven Konstante $mc^2$ der Ausdruck $\frac{1}{2} m v^2$ der Newtonschen Mechanik bis auf Größen von der Ordnung $1/c^2$. Sehr anschaulich erscheint hierbei die *Abhängigkeit der Energie vom Bezugsysteme.* Da nun aber die $t$-Achse in die Richtung jedes zeitartigen Vektors gelegt werden kann, so enthält andererseits der Energiesatz, für jedes mögliche Bezugsystem gebildet, bereits das ganze System der Bewegungsgleichungen. Diese Tatsache behält bei dem erörterten Grenzübergang zu $c = \infty$ ihre Bedeutung auch für den axiomatischen Aufbau der Newtonschen Mechanik und ist in solchem Sinne hier bereits von Herrn J. R. Schütz**) wahrgenommen worden.

Man kann von vornherein das Verhältnis von Längeneinheit und Zeiteinheit derart festlegen, daß die natürliche Geschwindigkeitsschranke $c = 1$ wird. Führt man dann noch $\sqrt{-1} \cdot t = s$ an Stelle von $t$ ein, so wird der quadratische Differentialausdruck

$$d\tau^2 = -dx^2 - dy^2 - dz^2 - ds^2,$$

also völlig symmetrisch in $x, y, z, s$, und diese Symmetrie überträgt sich auf ein jedes Gesetz, das dem Weltpostulate nicht widerspricht. Man kann danach das Wesen dieses Postulates mathematisch sehr prägnant in die mystische Formel kleiden:

$$3.10^5 \text{ km} = \sqrt{-1} \text{ sek.}$$

*) H. Minkowski, diese Ges. Abhandlungen, Bd. II, S. 400. — Vgl. auch M. Planck, Verhandlungen der Physikalischen Gesellschaft, Bd. 4, 1906, S. 136.

**) J. R. Schütz, Das Prinzip der absoluten Erhaltung der Energie, Nachrichten der k. Gesellschaft der Wissenschaften zu Göttingen, mathematisch-physikalische Klasse, 1897, S. 110.

V.

Die durch das Weltpostulat geschaffenen Vorteile werden vielleicht durch nichts so schlagend belegt wie durch Angabe der von einer *beliebig bewegten punktförmigen Ladung* nach der Maxwell-Lorentzschen Theorie ausgehenden Wirkungen. Denken wir uns die Weltlinie eines solchen punktförmigen Elektrons mit der Ladung $e$ und führen auf ihr die Eigenzeit $\tau$ ein von irgendeinem Anfangspunkte aus. Um das vom Elektron in einem beliebigen Weltpunkte $P_1$ veranlaßte Feld zu haben, konstruieren wir den zu $P_1$ gehörigen Vorkegel (Fig. 4). Dieser trifft die unbegrenzte Weltlinie des Elektrons, weil deren Richtungen überall die von zeitartigen Vektoren sind, offenbar in einem einzigen Punkte $P$. Wir legen in $P$ an die Weltlinie die Tangente und konstruieren durch $P_1$ die Normale $P_1Q$ auf diese Tangente. Der Betrag von $P_1Q$ sei $r$. Als der Betrag von $PQ$ ist dann gemäß der Definition eines Vorkegels $r/c$ zu rechnen. *Nun stellt der Vektor in Richtung $PQ$ vom Betrage $e/r$ in seinen Komponenten nach den $x$-, $y$-, $z$-Achsen das mit $c$ multiplizierte Vektorpotential, in der Komponente nach der $t$-Achse das skalare Potential des von $e$ erregten Feldes für den Weltpunkt $P_1$ vor.* Hierin liegen die von A. Liénard und von E. Wiechert aufgestellten Elementargesetze*).

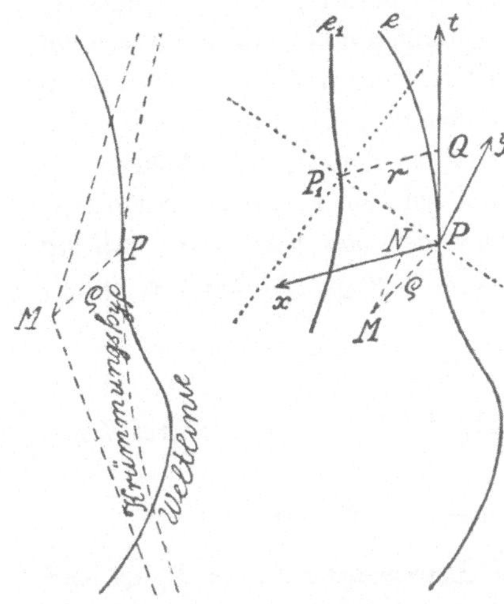


Fig. 3. Fig. 4.

Bei der Beschreibung des vom Elektron hervorgerufenen Feldes selbst tritt sodann hervor, daß die Scheidung des Feldes in elektrische und magnetische Kraft eine relative ist mit Rücksicht auf die zugrunde gelegte Zeitachse; am übersichtlichsten sind beide Kräfte zusammen zu beschreiben in einer gewissen, wenn auch nicht völligen Analogie zu einer Kraftschraube der Mechanik.

Ich will jetzt die *von einer beliebig bewegten punktförmigen Ladung auf eine andere beliebig bewegte punktförmige Ladung ausgeübte ponderomotorische Wirkung* beschreiben. Denken wir uns durch den Weltpunkt

*) A. Liénard, Champ électrique et magnétique produit par une charge concentrie en un point et animée d'un mouvement quelconque, L'Éclairage électrique, T. 16, 1898, pp. 5, 53, 106; E. Wiechert, Elektrodynamische Elementargesetze, Archives Néerlandaises des Sciences exactes et naturelles (2), T. 5, 1900, S. 549.

$P_1$ die Weltlinie eines zweiten punktförmigen Elektrons von der Ladung $e_1$ führend. Wir bestimmen $P$, $Q$, $r$ wie vorhin, konstruieren sodann (Fig. 4) den Mittelpunkt $M$ der Krümmungshyperbel in $P$, endlich die Normale $MN$ von $M$ aus auf eine durch $P$ parallel zu $QP_1$ gedachte Gerade. Wir legen nun, mit $P$ als Anfangspunkt, ein Bezugsystem folgendermaßen fest, die $t$-Achse in die Richtung $PQ$, die $x$-Achse in die Richtung $QP_1$, die $y$-Achse in die Richtung $MN$, womit schließlich auch die Richtung der $z$-Achse als normal zu den $t$-, $x$-, $y$-Achsen bestimmt ist. Der Beschleunigungsvektor in $P$ sei $\ddot{x}, \ddot{y}, \ddot{z}, \ddot{t}$, der Bewegungsvektor in $P_1$ sei $\dot{x}_1, \dot{y}_1, \dot{z}_1, \dot{t}_1$. *Jetzt lautet der von dem ersten beliebig bewegten Elektron e auf das zweite beliebig bewegte Elektron $e_1$ in $P_1$ ausgeübte bewegende Kraftvektor:*

$$-ee_1\left(\dot{t}_1 - \frac{\dot{x}_1}{c}\right)\mathfrak{K},$$

*wobei für die Komponenten $\mathfrak{K}_x$, $\mathfrak{K}_y$, $\mathfrak{K}_z$, $\mathfrak{K}_t$ des Vektors $\mathfrak{K}$ die drei Relationen bestehen:*

$$c\mathfrak{K}_t - \mathfrak{K}_x = \frac{1}{r^2}, \qquad \mathfrak{K}_y = \frac{\ddot{y}}{c^2 r}, \qquad \mathfrak{K}_z = 0$$

*und viertens dieser Vektor $\mathfrak{K}$ normal zum Bewegungsvektor in $P_1$ ist und durch diesen Umstand allein in Abhängigkeit von dem letzteren Bewegungsvektor steht.*

Vergleicht man mit dieser Aussage die bisherigen Formulierungen*) des nämlichen Elementargesetzes über die ponderomotorische Wirkung bewegter punktförmiger Ladungen aufeinander, so wird man nicht umhin können zuzugeben, daß die hier in Betracht kommenden Verhältnisse ihr inneres Wesen voller Einfachheit erst in vier Dimensionen enthüllen, auf einen von vornherein aufgezwungenen dreidimensionalen Raum aber nur eine sehr verwickelte Projektion werfen.

In der dem Weltpostulate gemäß reformierten Mechanik fallen die Disharmonien, die zwischen der Newtonschen Mechanik und der modernen Elektrodynamik gestört haben, von selbst aus. Ich will noch die Stellung des *Newtonschen Attraktionsgesetzes* zu diesem Postulate berühren. Ich will annehmen, wenn zwei Massenpunkte $m$, $m_1$ ihre Weltlinien beschreiben, werde von $m$ auf $m_1$ ein bewegender Kraftvektor ausgeübt genau von dem soeben im Falle von Elektronen angegebenen Ausdruck, nur daß statt $-ee_1$ jetzt $+mm_1$ treten soll. Wir betrachten nun speziell den Fall, daß der Beschleunigungsvektor

*) K. Schwarzschild, Nachrichten der k. Gesellschaft der Wissenschaften zu Göttingen, mathematisch-physikalische Klasse, 1903, S. 132. — H. A. Lorentz, Enzyklopädie der mathematischen Wissenschaften, V, Art. 14, S. 199.

von $m$ konstant Null ist, wobei wir dann $t$ so einführen mögen, daß $m$ als ruhend aufzufassen ist, und es erfolge die Bewegung von $m_1$ allein mit jenem von $m$ herrührenden bewegenden Kraftvektor. Modifizieren wir nun diesen angegeben Vektor zunächst durch Hinzusetzen des Faktors $\dot{t}^{-1} = \sqrt{1 - \frac{v^2}{c^2}}$, der bis auf Größen von der Ordnung $1/c^2$ auf 1 hinauskommt, so zeigt sich*), daß für die Orte $x_1, y_1, z_1$ von $m_1$ und ihren zeitlichen Verlauf genau wieder die Keplerschen Gesetze hervorgehen würden, nur daß dabei an Stelle der Zeiten $t_1$ die Eigenzeiten $\tau_1$ von $m_1$ eintreten würden. Auf Grund dieser einfachen Bemerkung läßt sich dann einsehen, daß das vorgeschlagene Anziehungsgesetz verknüpft mit der neuen Mechanik nicht weniger gut geeignet ist die astronomischen Beobachtungen zu erklären als das Newtonsche Anziehungsgesetz verknüpft mit der Newtonschen Mechanik.

Auch die Grundgleichungen für die elektromagnetischen Vorgänge in ponderablen Körpern fügen sich durchaus dem Weltpostulate. Sogar die von Lorentz gelehrte Ableitung dieser Gleichungen auf Grund von Vorstellungen der Elektronentheorie braucht zu dem Ende keineswegs verlassen zu werden, wie ich anderwärts zeigen werde**).

Die ausnahmslose Gültigkeit des Weltpostulates ist, so möchte ich glauben, der wahre Kern eines elektromagnetischen Weltbildes, der von Lorentz getroffen, von Einstein weiter herausgeschält, nachgerade vollends am Tage liegt. Bei der Fortbildung der mathematischen Konsequenzen werden genug Hinweise auf experimentelle Verifikationen des Postulates sich einfinden, um auch diejenigen, denen ein Aufgeben altgewohnter Anschauungen unsympathisch oder schmerzlich ist, durch den Gedanken an eine prästabilierte Harmonie zwischen der reinen Mathematik und der Physik auszusöhnen.

---

*) H. Minkowski, diese Ges. Abhandlungen, S. 403.

**) Dieser Gedanke ist ausgeführt in der Arbeit: Eine Ableitung der Grundgleichungen für die elektromagnetischen Vorgänge in bewegten Körpern vom Standpunkte der Elektronentheorie. Aus dem Nachlaß von Hermann Minkowski bearbeitet von Max Born in Göttingen. Mathematische Annalen, Bd. 68, 1910, S. 526; diese Ges. Abhandlungen, Bd. II, S. 405.

# Bernhard Riemann

**Commentatio mathematica, qua respondere tentatur quaestioni ab Ill$^{ma}$ Academia Parisiensi propositae: „Trouver quel doit être l'état calorifique etc."**

Übersetzt von O. Neumann

[370] Mathematische Abhandlung, durch die versucht wird, auf die von der hochberühmten Pariser Akademie vorgelegte Frage zu antworten: „Zu bestimmen, welches der Wärmezustand eines unbegrenzten homogenen festen Körpers sein muß, damit ein zu einem vorgegebenen Zeitpunkt vorliegendes System von Isothermen nach einer beliebigen Zeit ein ebensolches bleibt derart, daß die Temperatur in einem Punkt als Funktion der Zeit und zweier weiterer unabhängiger Variabler ausgedrückt werden kann."[1])

Et his principiis via sternitur ad majora.
Und mittels dieser Grundsätze wird ein Weg zu Höherem gebahnt.

**1.**

Wir werden die von der hochberühmten Akademie vorgelegte Frage so behandeln, daß wir als erstes die allgemeinere Frage lösen:

Welches müssen die die Wärmebewegung bestimmenden Eigenschaften des Körpers und die Wärmeverteilung sein, damit ein System von Kurven, die stets Isothermen bleiben, vorliegt,

sodann

aus der allgemeinen Lösung dieses Problems diejenigen Fälle auswählen, in denen sich jene Eigenschaften überall als dieselben erweisen, also der Körper homogen ist.

## ERSTER TEIL

**2.**

Um die erste Frage anzugreifen, ist die Bewegung der Wärme in einem beliebig beschaffenen Körper zu betrachten. Wenn $u$ die Temperatur zum Zeitpunkt [371] $t$ im Punkt $(x_1, x_2, x_3)$ bezeichnet, so muß die allgemeine Gleichung, gemäß derer diese Funk-

---

[1]) Diese Beantwortung der von der Pariser Akademie im Jahre 1858 gestellten und 1868 zurückgezogenen Preisaufgabe wurde von Riemann am 1. Juli 1861 der Akademie eingereicht. Der Preis wurde derselben nicht zuerkannt, weil die Wege, auf denen die Resultate gefunden wurden, nicht vollständig angegeben sind. Von der Ausführung einer beabsichtigten ausführlicheren Bearbeitung des Gegenstandes wurde Riemann durch seinen Gesundheitszustand abgehalten.

tion $u$ variiert, von der Gestalt sein:

$$\text{(I)}\quad \frac{\partial\left(a_{1,1}\frac{\partial u}{\partial x_1}+a_{1,2}\frac{\partial u}{\partial x_2}+a_{1,3}\frac{\partial u}{\partial x_3}\right)}{\partial x_1} + \frac{\partial\left(a_{2,1}\frac{\partial u}{\partial x_1}+a_{2,2}\frac{\partial u}{\partial x_2}+a_{2,3}\frac{\partial u}{\partial x_3}\right)}{\partial x_2} + \frac{\partial\left(a_{3,1}\frac{\partial u}{\partial x_1}+a_{3,2}\frac{\partial u}{\partial x_2}+a_{3,3}\frac{\partial u}{\partial x_3}\right)}{\partial x_3} = h\frac{\partial u}{\partial t}.$$

Dabei bezeichnen in der Gleichung die Größen $a$ die sich ergebenden Leitfähigkeiten, $h$ die spezifische Wärme je Volumeneinheit, d. h. das Produkt aus der spezifischen Wärme und der Dichte, und die Funktionen allerdings werden als beliebig gegeben in Abhängigkeit von $x_1$, $x_2$, $x_3$ betrachtet. Wir beschränken unsere Untersuchung auf den Fall, daß jene Leitfähigkeit in den beiden entgegengesetzten Richtungen die gleiche ist, deshalb besteht zwischen den Größen $a$ die Beziehung

$$a_{\iota,\iota'} = a_{\iota',\iota}.$$

Da außerdem die Wärme vom wärmeren zum kälteren Ort wandert, muß die Form zweiten Grades

$$\begin{pmatrix} a_{1,1}, a_{2,2}, a_{3,3} \\ a_{2,3}, a_{3,1}, a_{1,2} \end{pmatrix}$$

positiv sein.

### 3.

Nun führen wir in der Gleichung (I) anstelle der rechtwinkligen Koordinaten $x_1$, $x_2$, $x_3$ drei beliebige neue unabhängige Veränderliche $s_1$, $s_2$, $s_3$ ein.

Die Umformung der Gleichung (I) kann hierauf sehr leicht ausgeführt werden, weil diese Gleichung die notwendige und hinreichende Bedingung dafür ist, daß – wobei mit $\delta u$ eine beliebige unendlich kleine Variation von $u$ bezeichnet wird – das über den Körper erstreckte Integral

$$(A)\quad \delta \iiint \sum_{\iota,\iota'} a_{\iota,\iota'} \frac{\partial u}{\partial x_\iota}\frac{\partial u}{\partial x_{\iota'}}\, dx_1\, dx_2\, dx_3 + \iiint 2h\frac{\partial u}{\partial t}\,\delta u\, dx_1\, dx_2\, dx_3$$

allein vom Wert der Variation $\delta u$ an der Oberfläche abhängt. Nach Einführung der neuen Veränderlichen geht der Ausdruck $(A)$ über in

$$(B)\quad \delta \iiint \sum_{\iota,\iota'} b_{\iota,\iota'} \frac{\partial u}{\partial s_\iota}\frac{\partial u}{\partial s_{\iota'}}\, ds_1\, ds_2\, ds_3 + \iiint 2k\frac{\partial u}{\partial t}\,\delta u\, ds_1\, ds_2\, ds_3,$$

wobei der Kürze halber

$$\frac{\sum_{\iota,\iota'} a_{\iota,\iota'} \frac{\partial s_\mu}{\partial x_\iota} \frac{\partial s_\nu}{\partial x_{\iota'}}}{\sum \pm \frac{\partial s_1}{\partial x_1} \frac{\partial s_2}{\partial x_2} \frac{\partial s_3}{\partial x_3}} = b_{\mu,\nu}, \qquad \frac{h}{\sum \pm \frac{\partial s_1}{\partial x_1} \frac{\partial s_2}{\partial x_2} \frac{\partial s_3}{\partial x_3}} = k$$

gesetzt ist.

[372] Wenn aber $A$, $B$ die Determinanten der Formen zweiten Grades

$$(1) \quad \begin{pmatrix} a_{1,1}, a_{2,2}, a_{3,3} \\ a_{2,3}, a_{3,1}, a_{1,2} \end{pmatrix} \qquad (2) \quad \begin{pmatrix} b_{1,1}, b_{2,2}, b_{3,3} \\ b_{2,3}, b_{3,1}, b_{1,2} \end{pmatrix}$$

sind und die adjungierten Formen

$$(3) \quad \begin{pmatrix} \alpha_{1,1}, \alpha_{2,2}, \alpha_{3,3} \\ \alpha_{2,3}, \alpha_{3,1}, \alpha_{1,2} \end{pmatrix} \qquad (4) \quad \begin{pmatrix} \beta_{1,1}, \beta_{2,2}, \beta_{3,3} \\ \beta_{2,3}, \beta_{3,1}, \beta_{1,2} \end{pmatrix}$$

sind, so erweist sich, daß

$$A = B \sum \pm \frac{\partial s_1}{\partial x_1} \frac{\partial s_2}{\partial x_2} \frac{\partial s_3}{\partial x_3}$$

und

$$\beta_{\mu,\nu} = \sum_{\iota,\iota'} \alpha_{\iota,\iota'} \frac{\partial x_\iota}{\partial s_\mu} \frac{\partial x_{\iota'}}{\partial s_\nu}$$

gilt, weshalb

$$\sum_{\iota,\iota'} \alpha_{\iota,\iota'} \, \mathrm{d}x_\iota \, \mathrm{d}x_{\iota'} = \sum_{\iota,\iota'} \beta_{\iota,\iota'} \, \mathrm{d}s_\iota \, \mathrm{d}s_{\iota'}$$

und

$$\frac{h}{A} = \frac{k}{B}$$

ist.

Von daher ist leicht einzusehen, daß die Umformung der Gleichung (I) auf die Umformung des Ausdrucks $\sum_{\iota,\iota'} \alpha_{\iota,\iota'} \, \mathrm{d}x_\iota \, \mathrm{d}x_{\iota'}$ zurückgeführt werden kann.

Da es sich so verhält, können wir auf diese Weise unser allgemeines Problem so lösen, daß wir zuerst danach fragen, welcher Art die Funktionen $b_{\iota,\iota'}$ und $k$ von $s_1$, $s_2$, $s_3$ sein müssen, damit $u$ von einer dieser Größen nicht abhängen kann. Nach Lösung dieser Frage kann der Ausdruck $\sum \beta_{\iota,\iota'} \, \mathrm{d}s_\iota \, \mathrm{d}s_{\iota'}$ gebildet werden. Dann finden wir, nachdem die Werte der Größen $a_{\iota,\iota'}$ und der Größe $h$ gegeben sind, heraus, ob $u$ zu einer Funktion der Zeit und nur zweier Veränderlicher werden kann, und es ist zu fragen, ob in diesen Fällen denn jener Ausdruck $\sum \beta_{\iota,\iota'} \, \mathrm{d}s_\iota \, \mathrm{d}s_{\iota'}$ auf eine gegebene Form gebracht werden kann; und wir werden unten sehen, daß diese Frage ungefähr mit der gleichen Methode behandelt werden kann, die Gauss in der Theorie der gekrümmten Flächen benutzt hat.

## 4.

Wir untersuchen also als erstes, welcher Art die Funktionen $b_{\iota,\iota'}$ und $k$ von $s_1$, $s_2$, $s_3$ sein müssen, damit $u$ von einer dieser Größen nicht abhängen kann. Um die Schreibweise zu vereinfachen, bezeichnen wir die Größen $s_1$, $s_2$, $s_3$ mit $\alpha$, $\beta$, $\gamma$ und die Form (2) mit

$$\begin{pmatrix} a, & b, & c \\ a', & b', & c' \end{pmatrix};$$

wenn $u$ von $\gamma$ nicht abhängt, ist die Differentialgleichung von der Gestalt

$$\text{(II)}\quad a\frac{\partial^2 u}{\partial\alpha^2} + 2c'\frac{\partial^2 u}{\partial\alpha\,\partial\beta} + b\frac{\partial^2 u}{\partial\beta^2} + e\frac{\partial u}{\partial\alpha} + f\frac{\partial u}{\partial\beta} - k\frac{\partial u}{\partial t} = F = 0,$$

[373] wobei

$$\frac{\partial a}{\partial\alpha} + \frac{\partial c'}{\partial\beta} + \frac{\partial b'}{\partial\gamma} = e, \qquad \frac{\partial b}{\partial\beta} + \frac{\partial c'}{\partial\alpha} + \frac{\partial a'}{\partial\gamma} = f$$

gesetzt ist.

Wenn dem $\gamma$ verschiedene bestimmte Werte beigelegt werden, so erhält man aus Gleichung (II) verschiedene Gleichungen zwischen den sechs Differentialquotienten von $u$, deren Koeffizienten nicht von $\gamma$ abhängen. Wenn nun $m$ von diesen Gleichungen untereinander unabhängig sind:

$$F_1 = 0,\ F_2 = 0,\ \ldots,\ F_m = 0,$$

so daß alle übrigen aus ihnen folgen, dann zieht dies nach sich, daß sich eine Gleichung $F = 0$ für beliebige Werte von $\gamma$ aus diesen $m$ Gleichungen ergibt, weshalb $F$ von der Gestalt

$$c_1F_1 + c_2F_2 + \ldots + c_mF_m$$

sein muß, wobei in diesem Ausdruck nur die Größen $c$ von $\gamma$ abhängen.

Nun werden wir die einzelnen Fälle, wenn $m$ gleich 1, 2, 3, 4 ist, etwas genauer untersuchen, desgleichen werden wir uns bemühen, die von $\gamma$ unabhängigen Gleichungen, in die $F = 0$ zerfällt, auf einfachere Gestalt zu bringen.

Erster Fall, $m = 1$.

Wenn $m = 1$ ist, so hängen in der Gleichung (II) die Verhältnisse der Koeffizienten von $\gamma$ nicht ab. Aber durch Einführung der neuen Veränderlichen $\int k\, \mathrm{d}\gamma$ anstelle von $\gamma$ kann stets erreicht werden, daß $k = 1$ wird, wodurch alle Koeffizienten von $\gamma$ unabhängig werden. Weiter kann man nach Einführung von neuen Veränderlichen anstelle von $\alpha$, $\beta$ stets dahin gelangen, daß $a$ und $b$ verschwinden. Dies tritt in der Tat ein, falls der Ausdruck $b\mathrm{d}\alpha^2 + 2c'\,\mathrm{d}\alpha\,\mathrm{d}\beta + a\,\mathrm{d}\beta^2$ (der nicht das Quadrat eines linearen Differentialausdrucks sein kann, wenn (2) eine positive Form ist) die Gestalt $m\,\mathrm{d}\alpha'\,\mathrm{d}\beta'$ annimmt und die Größen $\alpha'$, $\beta'$ als unabhängige Veränderliche verstanden werden.

Die Differentialgleichung (II) kann also in diesem Falle auf die Gestalt

$$2c'\frac{\partial^2 u}{\partial\alpha\,\partial\beta} + e\frac{\partial u}{\partial\alpha} + f\frac{\partial u}{\partial\beta} = \frac{\partial u}{\partial t}$$

gebracht werden, und in der Form (2) sind dann $a$, $b$ gleich 0, $a'$ und $b'$ sind lineare Funktionen von $\gamma$, und $c'$ ist von $\gamma$ unabhängig. Übrigens ist es offensichtlich, daß die Temperatur in jenem Fall immer von $\gamma$ unabhängig bleibt, wenn die Anfangstemperatur eine beliebige Funktion von $\alpha$ und $\beta$ allein ist.

Zweiter Fall, $m = 2$.

Wenn sich die Gleichung (II) in zwei von $\gamma$ unabhängige Gleichungen aufspaltet, so kann kraft der einen von beiden die Größe $\partial u/\partial t$ aus der anderen beseitigt werden. Also stellt sich der Kürze halber diese Gleichung dar als

(1) $\Delta u = 0$

und jene als [374]

(2) $\Lambda u = \frac{\partial u}{\partial t}$,

wobei mit $\Delta$ und $\Lambda$ bestimmte aus $\partial_\alpha$ und $\partial_\beta$ zusammengesetzte Ausdrücke bezeichnet sind.

Es ist leicht einzusehen, daß nach Änderung der unabhängigen Veränderlichen die erste Gleichung so umgeformt werden kann, daß $\Delta$ gleich

$$\partial_\alpha \partial_\beta + e\,\partial_\alpha + f\,\partial_\beta$$

oder

$$\partial_\alpha^2 + e\,\partial_\alpha + f\,\partial_\beta$$

oder

$$\partial_\alpha$$

ist, wobei die Werte $e = 0, f = 0$ nicht ausgeschlossen sind.

Da nun

$$0 = \partial_t \Delta u = \Delta\, \partial_t u = \Delta \Lambda u$$

ist, folgt aus den beiden Gleichungen (1) und (2):

(3) $\Delta \Lambda u = 0$.

Nunmehr sind zwei Fälle zu unterscheiden, je nachdem ob diese Gleichung (3)
($\alpha$) aus der Gleichung (1) folgt, d. h.

$$\Delta \Lambda = \Theta \Delta$$

ist, wobei $\Theta$ einen neuen charakteristischen Ausdruck bezeichnet, oder
($\beta$) nicht aus der Gleichung (1) folgt und eine neue von $\Delta u$ unabhängige Gleichung darstellt.

Um den ersten Fall ($\alpha$) wenigstens für eine Gestalt von $\Delta$ zu untersuchen, nehmen wir an, daß

$$\Delta = \partial_\alpha \partial_\beta + e\,\partial_\alpha + f\,\partial_\beta .$$

Dann kann $\Delta \Lambda u$ mit Hilfe der Gleichung $\Delta u = 0$ auf einen Ausdruck zurückgeführt werden, der nur die Ableitungen nach einer der beiden Veränderlichen enthält und dessen sämtliche Koeffizienten gleich Null sein müssen. Weil ein Term, der $\partial_\alpha \partial_\beta$ enthält, mit Hilfe der Gleichung $\Delta u = 0$ beseitigt werden kann, setzen wir

$$\Lambda = a\,\partial_\alpha^2 + b\,\partial_\beta^2 + c\,\partial_\alpha + d\,\partial_\beta$$

und bilden den Ausdruck

$$\Delta \Lambda - \Lambda \Delta .$$

Da in diesem Ausdruck die Koeffizienten von $\partial_\alpha^3$, $\partial_\beta^3$ verschwinden müssen, ergibt sich $\partial a/\partial\beta = 0$, $\partial b/\partial\alpha = 0$, wonach unter Ausschluß der Sonderfälle $a = 0$, $b = 0$ nach Abänderung der unabhängigen Veränderlichen erreicht werden kann, daß $a = b = 1$ ist. Nachdem man dann im reduzierten Ausdruck $\Delta \Lambda$ die Koeffizienten von $\partial_\alpha^2$, $\partial_\beta^2$ Null gesetzt hat, stellt sich heraus, daß

$$\frac{\partial c}{\partial \beta} = 2\frac{\partial e}{\partial \alpha}, \qquad \frac{\partial d}{\partial \alpha} = 2\frac{\partial f}{\partial \beta}$$

gilt, weshalb [375]

$$\Delta = \partial_\alpha \partial_\beta + \frac{\partial m}{\partial \beta}\partial_\alpha + \frac{\partial n}{\partial \alpha}\partial_\beta,$$

$$\Lambda = \partial_\alpha^2 + \partial_\beta^2 + 2\frac{\partial m}{\partial \alpha}\partial_\alpha + 2\frac{\partial n}{\partial \beta}\partial_\beta$$

gesetzt werden darf, worin $m, n$ Funktionen von $\alpha, \beta$ bezeichnen, die nun zwei Differentialgleichungen genügen müssen, damit die Koeffizienten von $\partial_\alpha$, $\partial_\beta$ im reduzierten Ausdruck $\Delta\Lambda$ verschwinden.

Auf völlig ähnliche Weise stellt sich heraus, daß die überaus einfachen Ausdrücke $\Delta$ und $\Lambda$ in den übrigen Sonderfällen der Bedingung

$$\Delta\Lambda = \Theta\Delta$$

genügen. Aber bei dieser mehr weitläufigen als schwierigen Untersuchung werden wir hier nicht verweilen.

Übrigens ist es in diesem Falle offensichtlich, daß die Temperatur immer von $\gamma$ unabhängig bleibt, wenn die Anfangstemperatur eine beliebige Funktion von $\alpha$ und $\beta$ ist und der Gleichung $\Delta u = 0$ genügt. Aus den Gleichungen

$$\Delta u = 0,$$

$$\Lambda u = \frac{\partial u}{\partial t}$$

folgt dann $0 = \Theta\Delta u = \Delta\Lambda u = \Delta\, \partial_t u = \partial\Delta u/\partial t$, und ebenso besteht weiterhin die Gleichung $\Delta u = 0$, wenn sie anfangs gilt und sich die Funktion $u$ gemäß der Gleichung $\Lambda u = \partial u/\partial t$ ändert. Dann aber genügt sie dem Bewegungsgesetz der Wärme oder der Gleichung $F = 0$.

## 5.

Es bleibt der zweite Sonderfall ($\beta$), falls $\Delta\Lambda u = 0$ von $\Delta u = 0$ unabhängig ist. Um zugleich auch die folgenden Fälle $m = 3$, $m = 4$ einzuschließen, werden wir die allgemeinere Annahme prüfen, daß, abgesehen von $\Delta u = 0$, noch eine beliebige lineare Differentialgleichung $\Theta u = 0$, die $\partial u/\partial t$ nicht enthält und von $\Delta u = 0$ unabhängig ist, zur Verfügung steht.

Wenn $\Delta$ von der Gestalt $\partial_\alpha \partial_\beta + e\,\partial_\alpha + f\,\partial_\beta$ ist, so kann mit Hilfe der Gleichung $\Delta u = 0$ der Ausdruck $\Theta$ von den Ableitungen nach den beiden Veränderlichen befreit werden.

Nun sind zwei Fälle zu unterscheiden.

Wenn aus dem Ausdruck $\Theta$ alle Differentialquotienten nach einer von beiden Veränderlichen, z. B. nach $\beta$, gleichzeitig herausfallen, so ergibt sich eine Differentialgleichung, die nur Differentialquotienten nach $\alpha$ enthält, von der Gestalt

$$(1)\quad \sum_\nu a_\nu \frac{\partial^\nu u}{\partial \alpha^\nu} = 0;$$

wenn aber dies nicht zutrifft, so kann stets eine Differentialgleichung der Gestalt [376]

$$(2)\quad \sum_{\nu} a_\nu \frac{\partial^\nu u}{\partial t^\nu} = 0$$

gewonnen werden, d. h. eine solche, die nur die Differentialquotienten nach $t$ enthält.

Denn in diesem Fall können die Ausdrücke $\Lambda u$, $\Lambda^2 u$, $\Lambda^3 u, \ldots$, denen die Differentialquotienten von $u$ nach $t$ gleich sind, mit Hilfe der Gleichungen $\Delta u = 0$, $\Theta u = 0$ immer so umgeformt werden, daß sie nur die Differentialquotienten nach einer der beiden Veränderlichen enthalten und diese ihrerseits nicht von höherer Ordnung sind als sie in $\Theta u$ vorkommen. Da deren Anzahl endlich ist, ist es offensichtlich, daß durch Elimination eine Gleichung der Gestalt (2) erhalten werden kann. Die Koeffizienten $a_\nu$ jeder der beiden Gleichungen sind Funktionen von $\alpha$ und $\beta$.

Man muß darauf achten, daß eine dieser beiden Gleichungen stets gilt, wenn $\Delta$ nicht von der Form $\partial_\alpha \partial_\beta + e\,\partial_\alpha + f\,\partial_\beta$ ist. Der Sonderfall $\Delta = \partial_\alpha^2 + e\,\partial_\alpha + f\,\partial_\beta$ kann zu jedem der beiden Fälle in Beziehung gesetzt werden, weil mit Hilfe der Gleichung $\Delta u = 0$ bald aus $\Theta u$, bald aus $\Lambda u$ alle Ableitungen nach $\beta$ beseitigt werden können, worauf eine Gleichung von jeder der beiden Formen leicht erhalten werden kann. Sobald $f = 0$ ist, wird dieser Fall wie auch $\Delta = \partial_\alpha$ auf den vorigen Fall zurückgeführt.

Nun werden wir den letzten Fall genauer untersuchen.

Es ist so, daß die allgemeine Lösung der Gleichung

$$\sum_{\nu} a_\nu \frac{\partial^\nu u}{\partial t^\nu} = 0$$

aus Gliedern der Gestalt $f(t)\,e^{\lambda t}$ zusammengesetzt ist, worin $f(t)$ eine ganze Funktion von $t$ und $\lambda$ eine von $t$ nicht abhängende Größe bezeichnen, und es ist leicht einzusehen, daß diese einzelnen Glieder einer Gleichung der Art (I) genügen müssen.

Wir werden nun beweisen, daß es nicht geschehen kann, daß $\lambda$ eine Funktion von $x_1$, $x_2$, $x_3$ ist.

Es sei $kt^n$ das höchste Glied der Funktion $f(t)$, und es seien zwei Fälle unterschieden.

1° Wenn $\lambda$ entweder reell oder von der Gestalt $\mu + \nu i$ ist und darin $\mu$, $\nu$ Funktionen einer reellen Variablen $\alpha$ (die von $x_1$, $x_2$, $x_3$ abhängen soll) sind, so ergibt sich nach Einsetzen von $u = f(t)\,e^{\lambda t}$ in der linken Seite der Gleichung der Art (I) als Koeffizient von $t^{n+2} e^{\lambda t}$ die Größe

$$k \left(\frac{\partial \lambda}{\partial \alpha}\right)^2 \sum_{\iota, \iota'} a_{\iota, \iota'} \frac{\partial \alpha}{\partial x_\iota} \frac{\partial \alpha}{\partial x_{\iota'}} .$$

Aber diese Größe kann nicht verschwinden, außer für

$$\frac{\partial \alpha}{\partial x_1} = \frac{\partial \alpha}{\partial x_2} = \frac{\partial \alpha}{\partial x_3} = 0,$$

d. h. $\alpha = \text{const}$, da die Form

$$\begin{pmatrix} a_{1,1}, & a_{2,2}, & a_{3,3} \\ a_{2,3}, & a_{3,1}, & a_{1,2} \end{pmatrix}$$

positiv ist, wie wir oben erwähnt haben. [377]

2° Wenn $\lambda$ von der Gestalt $\mu + \nu i$ mit unabhängigen Funktionen $\mu$, $\nu$ von $x_1$, $x_2$, $x_3$ ist, so können die Größen $\mu + \nu i$ und $\mu - \nu i$ als unabhängige Veränderliche $\alpha$ und $\beta$ genommen werden, und $u$ wird neben dem Glied $f(t)\,e^{\alpha t}$ auch das konjugiert-komplexe

Glied $\varphi(t)\, e^{\beta t}$ enthalten. Wenn jetzt

$$\Delta u = a\frac{\partial^2 u}{\partial\alpha^2} + b\frac{\partial^2 u}{\partial\alpha\,\partial\beta} + c\frac{\partial^2 u}{\partial\beta^2} + e\frac{\partial u}{\partial\alpha} + f\frac{\partial u}{\partial\beta}$$

ist, so ergibt sich aus der Gleichung $\Delta u = 0$ durch Einsetzen von $u = f(t)\, e^{\alpha t}$ und Nullsetzen des Koeffizienten von $t^{n+2}e^{\alpha t}$ die Beziehung $a = 0$ und ebenso $c = 0$ durch Einsetzen von $u = \varphi(t)\, e^{\beta t}$. Deshalb kann mit Hilfe der Gleichung $\Delta u = 0$ die Gleichung $\Lambda u = \partial u/\partial t$ so umgeformt werden, daß sie nur die Differentialquotienten nach einer von beiden Veränderlichen enthält. Aber durch Einsetzen von

$$u = f(t)\, e^{\alpha t},\quad u = \varphi(t)\, e^{\beta t}$$

erweist sich der Koeffizient jedes höchsten dieser Differentialquotienten als gleich 0, worauf auch alle diese Differentialquotienten aus der Gleichung $\Lambda u = \partial u/\partial t$ beseitigt werden können, was zu erreichen war, da $u$ nach Voraussetzung nicht konstant sein sollte.

In jenem letzteren Falle also ist die Funktion $u$ zusammengesetzt aus einer endlichen Anzahl von Gliedern der Form $f(t)\, e^{\alpha t}$, in denen $\lambda$ konstant und $f(t)$ eine ganze Funktion von $t$ ist.

Im ersteren Fall, wenn eine Gleichung der Gestalt

$$(1)\quad \sum a_\nu \frac{\partial^\nu u}{\partial\alpha^\nu} = 0$$

besteht, ist die Funktion $u$ von der Gestalt

$$u = \sum q_\nu p_\nu,$$

wobei mit $p_1, p_2, \ldots$ partikuläre Lösungen der Gleichung (1) und mit $q_1, q_2, \ldots$ beliebige Konstanten, d. h. Funktionen von $\beta$ und $t$ allein, bezeichnet sind. Wenn aber dieser Ausdruck in

$$\Lambda u = \frac{\partial u}{\partial t}$$

eingesetzt wird, so ergibt sich eine Gleichung der Gestalt

$$\sum PQ = 0\,,$$

in der die Größen $Q$ Differentialquotienten von $q$ und deshalb Funktionen von $\beta$ und $t$ allein sind, die Größen $P$ dagegen sind Funktionen von $\alpha$ und $\beta$ allein. Wir haben aber oben gesehen, daß einer solchen Gleichung, wenn sie aus $n$ Gliedern besteht, $\mu$ lineare Gleichungen zwischen den Funktionen $Q$ und $n - \mu$ lineare Gleichungen zwischen den Funktionen $P$ unterworfen sind, wobei deren Koeffizienten Funktionen nur von $\beta$ sind und $\mu$ irgendeine der Zahlen $0, 1, 2, \ldots, n$ bezeichnet. Es werden [378] also alle Ausdrücke für die $\partial q/\partial t$ durch die Differentialquotienten der $q$ nach $\beta$, die von $\alpha$ frei sind, gewonnen.

Jetzt werden wir einzelne Teilfälle unseres Problems, die zu diesem Fall gehören, genau untersuchen.

Wenn $m = 2$ und $\Delta$ von der Gestalt $\partial_\alpha\, \partial_\beta + e\,\partial_\alpha + f\,\partial_\beta$ ist, nimmt die reduzierte Gleichung $\Delta\Lambda u = 0$, falls sie von Differentialquotienten nach $\beta$ frei ist, die Form an:

$$\frac{\partial^3 u}{\partial\alpha^3} + r\frac{\partial^2 u}{\partial\alpha^2} + s\frac{\partial u}{\partial\alpha} = 0,$$

worin $u$ das Aussehen

$$ap + bq + c$$

hat, wobei $a, b, c$ Funktionen allein von $\beta$ und $t$ bezeichnen, $p$ und $q$ aber Funktionen nur von $\alpha$ und $\beta$ sind. Nunmehr kann anstelle von $\alpha$ die unabhängige Veränderliche $q$ eingeführt werden. Daraus ergibt sich

$$u = ap + b\alpha + c,$$

wo nun $p$ allein eine Funktion der beiden Veränderlichen $\alpha$ und $\beta$ ist. Durch Einsetzen dieses Ausdrucks in den Gleichungen

$$\Delta u = 0, \qquad \Lambda u = \frac{\partial u}{\partial t}$$

findet man leicht die Koeffizienten.

Es bleibt der Fall, daß jetzt eine der Gleichungen, in die $F = 0$ zerfällt, das Aussehen (1) hat und deshalb die Gestalt

$$r\frac{\partial^2 u}{\partial \alpha^2} + s\frac{\partial u}{\partial \alpha} = 0$$

annimmt. Dann folgt $u = ap + b$, wobei mit $a$ und $b$ Funktionen nur von $\beta$ und $t$ und mit $p$ eine Funktion nur von $\alpha$ und $\beta$ bezeichnet sind. Wenn anstelle von $\alpha$ die unabhängige Veränderliche $p$ eingeführt wird, so kommt heraus:

$$u = a\alpha + b, \qquad \frac{\partial^2 u}{\partial \alpha^2} = 0.$$

Wir finden also, daß, wenn $m = 2$ ist, d. h. $F = 0$ sich in zwei Gleichungen

$$\Delta u = 0,$$

$$\Lambda u = \frac{\partial u}{\partial t}$$

aufspaltet, entweder $\Delta\Lambda = \Theta\Delta$ ist, oder die Funktion $u$ aus einer endlichen Anzahl von Gliedern der Form $f(t)\, e^{\lambda t}$ mit einer Konstanten $\lambda$ und einer ganzen Funktion $f(t)$ von $t$ zusammengesetzt ist oder sie das Aussehen

$$\varphi(\beta, t)\, \chi(\alpha, \beta) + \alpha\varphi_1(\beta, t) + \varphi_2(\beta, t)$$

annimmt, und weiter, daß, wenn $m = 3$ ist, die Funktion $u$ entweder aus einer endlichen Anzahl von Gliedern $f(t)\, e^{\lambda t}$ gebildet ist oder von der Gestalt

$$\varphi(\beta, t)\, \alpha + \varphi_1(\beta, t)$$

ist. [379]

Schließlich kann der Fall $m = 4$ ohne Mühe gründlich erledigt werden.

Wenn nämlich über die Gleichung $\Lambda u = \partial u/\partial t$ hinaus drei Gleichungen zwischen

$$\frac{\partial^2 u}{\partial \alpha^2}, \quad \frac{\partial^2 u}{\partial \alpha\, \partial \beta}, \quad \frac{\partial^2 u}{\partial \beta^2}, \quad \frac{\partial u}{\partial \alpha}, \quad \frac{\partial u}{\partial \beta}$$

auftreten, so entsteht entweder eine Gleichung der Gestalt

$$r\frac{\partial u}{\partial \alpha} + s\frac{\partial u}{\partial \beta} = 0$$

und gestattet deshalb, die unabhängigen Veränderlichen so zu wählen, daß $u$ eine Funktion von einer einzigen Veränderlichen wird, oder die Funktionen

$$\frac{\partial^2 u}{\partial \alpha^2}, \qquad \frac{\partial^2 u}{\partial \alpha\, \partial \beta}, \qquad \frac{\partial^2 u}{\partial \beta^2},$$

und folglich auch $\Lambda u$, $\Lambda^2 u$, $\Lambda^3 u$ können durch $\partial u/\partial \alpha$, $\partial u/\partial \beta$ ausgedrückt werden. Dann aber tritt eine Gleichung der Gestalt

$$a\frac{\partial^3 u}{\partial t^3} + b\frac{\partial^2 u}{\partial t^2} + c\frac{\partial u}{\partial t} = 0$$

auf, worin $u$ die Form

$$pe^{\lambda t} + qe^{\mu t} + r \quad \text{oder} \quad (p + qt)\, e^{\lambda t} + r$$

hat und nach dem vorangehenden $\lambda$ und $\mu$ als Konstanten erkannt sind.

Nachdem nun $p$ als unabhängige Veränderliche $\alpha$ genommen und die eben gewonnenen Ausdrücke in der Gleichung $\Lambda u = \partial u/\partial t$ eingesetzt worden sind, stellt es sich heraus, daß es nicht geschehen kann, daß $q$ eine Funktion von $\alpha$ ist, wenigstens wenn $\lambda$ und $\mu$ voneinander verschieden sind. Also können $p$ und $q$ die Rollen der unabhängigen Veränderlichen übernehmen. Weiterhin ergibt sich $r$ = const aus der Gleichung

$$\Lambda u = \frac{\partial u}{\partial t}.$$

In diesem Falle ist also $u$ entweder eine Funktion von $t$ und einer einzigen Veränderlichen, oder es nimmt eine der beiden Formen

$$\alpha e^{\lambda t} + \beta e^{\mu t} + \text{const}, \qquad (\alpha + \beta t)\, e^{\lambda t} + \text{const}$$

an, wobei der Wert $\mu = 0$ nicht auszuschließen ist.

Nachdem die Formen, die die Funktion $u$ annehmen kann, gefunden sind, sind die Gleichungen $F_\nu = 0$, die wir aus Gründen der Kürze nicht ausschreiben wollen, äußerst leicht zu bilden. Daher ist auch in jedem einzelnen Falle sowohl die Form

$$\begin{pmatrix} b_{1,1}, b_{2,1}, b_{3,3} \\ b_{2,3}, b_{3,1}, b_{1,2} \end{pmatrix}$$

als auch die adjungierte Form

$$\begin{pmatrix} \beta_{1,1}, \beta_{2,2}, \beta_{3,3} \\ \beta_{2,3}, \beta_{3,1}, \beta_{1,2} \end{pmatrix}$$

bekannt. Wenn nun in den Ausdrücken $\sum \beta_{\iota,\iota'}\, ds_\iota\, ds_{\iota'}$ anstelle der Größen $s_1$, $s_2$, $s_3$ beliebige Funktionen von $x_1$, $x_2$, $x_3$ eingesetzt werden, [380] ergeben sich offenbar alle diejenigen Fälle, in denen $u$ eine Funktion der Zeit und von nur zwei Veränderlichen sein kann. Damit ist die erste Frage gelöst.

Es bleibt uns noch aufzuklären, wann der Ausdruck $\sum \beta_{\iota,\iota'}\, ds_\iota\, ds_{\iota'}$ in eine gegebene Form $\sum \alpha_{\iota,\iota'}\, dx_\iota\, dx_{\iota'}$ transformiert werden kann.

## ZWEITER TEIL

Über die Transformation des Ausdrucks $\sum_{\iota,\iota'} b_{\iota,\iota'}\, ds_\iota\, ds_{\iota'}$ in eine gegebene Form $\sum_{\iota,\iota'} a_{\iota,\iota'}\, dx_\iota\, dx_{\iota'}$.

Da die Frage von der hochberühmten Akademie auf homogene Körper, in denen die sich ergebenden Leitfähigkeiten Konstanten sind, eingeschränkt worden ist, leiten wir zuerst Bedingungen dafür her, daß der Ausdruck $\sum_{\iota,\iota'} b_{\iota,\iota'}\, ds_\iota\, ds_{\iota'}$, wobei die Größen $s$ bestimmten Funktionen der $x$ gleichgesetzt werden, in die Form $\sum_{\iota,\iota'} a_{\iota,\iota'}\, dx_\iota\, dx_{\iota'}$ mit konstanten Koeffizienten $a_{\iota,\iota'}$ transformiert werden kann. Danach werden wir einiges zur Transformation in eine beliebige vorgegebene Form sagen.

Es ist bekannt, daß ein Ausdruck $\sum_{\iota,\iota'} a_{\iota,\iota'}\, dx_\iota\, dx_{\iota'}$ immer auf die Form $\sum_\iota dx_\iota^2$ gebracht werden kann, falls er – was wir hier voraussetzen – eine positive Form in den $dx$ ist. Deshalb gilt: Wenn $\sum_{\iota,\iota'} b_{\iota,\iota'}\, ds_\iota\, ds_{\iota'}$ in die Form $\sum_{\iota,\iota'} a_{\iota,\iota'}\, dx_\iota\, dx_{\iota'}$ transformiert werden kann, so auch in die Form $\sum_\iota dx_\iota^2$, und umgekehrt. Wir werden also untersuchen, wann er auf die Form $\sum_\iota dx_\iota^2$ gebracht werden kann.

Es seien $B$ die Determinante $\sum \pm b_{1,1} b_{2,2} \dots b_{n,n}$ und $\beta_{\iota,\iota'}$ die algebraischen Komplemente; dann ist $\sum_\iota \beta_{\iota,\iota'} b_{\iota,\iota'} = B$ und $\sum_\iota \beta_{\iota,\iota'} b_{\iota,\iota''} = 0$, falls $\iota' \gtrless \iota''$.

Wenn $\sum_{\iota,\iota'} b_{\iota,\iota'}\, ds_\iota\, ds_{\iota'} = \sum_\iota dx_\iota^2$ für beliebige Werte der $dx$ gilt, so ergibt sich durch Einsetzen von $d + \delta$ für $d$, daß auch $\sum_{\iota,\iota'} b_{\iota,\iota'}\, ds_\iota\, \delta s_{\iota'} = \sum_\iota dx_\iota\, \delta x_\iota$ für beliebige Werte der $dx$ und $\delta x$ gilt.

Wenn daher die Größen $ds_\iota$ durch die $dx_\iota$ und die Größen $\delta x_\iota$ durch die Größen $\delta s_\iota$ ausgedrückt werden, so folgt:

$$(1) \qquad \frac{\partial x_{\nu'}}{\partial s_\nu} = \sum_\iota b_{\nu,\iota} \frac{\partial s_\iota}{\partial x_{\nu'}}$$

und daher

$$(2) \qquad \frac{\partial s_\iota}{\partial x_{\nu'}} = \sum_\nu \frac{\beta_{\nu,\iota}}{B} \frac{\partial x_{\nu'}}{\partial s_\nu}.$$

Da nun

$$\sum_\nu \frac{\partial s_\iota}{\partial x_\nu} \frac{\partial x_\nu}{\partial s_\iota} = 1 \quad \text{und} \quad \sum_\nu \frac{\partial s_\iota}{\partial x_\nu} \frac{\partial x_\nu}{\partial s_{\iota'}} = 0 \quad \text{für} \quad \iota \gtrless \iota'$$

ist, leitet man daraus weiter ab, daß [381]

$$(3) \quad \sum_\nu \frac{\partial x_\nu}{\partial s_\iota} \frac{\partial x_\nu}{\partial s_{\iota'}} = b_{\iota,\iota'},\text{[1]} \qquad (4) \quad \sum_\nu \frac{\partial s_\iota}{\partial x_\nu} \frac{\partial s_{\iota'}}{\partial x_\nu} = \frac{\beta_{\iota,\iota'}}{B}$$

[1]) In der 1. Auflage von RIEMANNS Werken (Leipzig: Teubner-Verlag 1876) ist ab Formel (3) der Summationsindex $\nu$ nicht vorhanden, im Gegensatz zur 2. Auflage. In dieser Übersetzung wurde der Index $\nu$ in gleicher Weise wie in der 2. Auflage eingefügt. Anm. d. Übers.

und durch Differenzieren der Formel (3) sich ergibt

$$\sum_\nu \frac{\partial^2 x_\nu}{\partial s_\iota \partial s_{\iota''}} \frac{\partial x_\nu}{\partial s_{\iota'}} + \sum_\nu \frac{\partial^2 x_\nu}{\partial s_{\iota'} \partial s_{\iota''}} \frac{\partial x_\nu}{\partial s_\iota} = \frac{\partial b_{\iota,\iota'}}{\partial s_{\iota''}}.$$

Nun findet man aus diesen Ausdrücken von

$$\frac{\partial b_{\iota,\iota'}}{\partial s_{\iota''}}, \quad \frac{\partial b_{\iota,\iota''}}{\partial s_{\iota'}}, \quad \frac{\partial b_{\iota',\iota''}}{\partial s_\iota}$$

die Beziehung

$$(5) \quad 2\sum_\nu \frac{\partial^2 x_\nu}{\partial s_{\iota'} \partial s_{\iota''}} \frac{\partial x_\nu}{\partial s_\iota} = \frac{\partial b_{\iota,\iota'}}{\partial s_{\iota''}} + \frac{\partial b_{\iota,\iota''}}{\partial s_{\iota'}} - \frac{\partial b_{\iota',\iota''}}{\partial s_\iota},$$

und wenn diese Größe durch $p_{\iota,\iota',\iota''}$ bezeichnet wird, so erhält man

$$(6) \quad 2\frac{\partial^2 x_\nu}{\partial s_{\iota'} \partial s_{\iota''}} = \sum_\iota \frac{\partial s_\iota}{\partial x_\nu} p_{\iota,\iota',\iota''}.$$

Nach weiterem Differenzieren der Größen $p_{\iota,\iota',\iota''}$ ergibt sich

$$\frac{\partial p_{\iota,\iota',\iota''}}{\partial s_{\iota'''}} - \frac{\partial p_{\iota,\iota',\iota'''}}{\partial s_{\iota''}} = 2\sum_\nu \frac{\partial^2 x_\nu}{\partial s_{\iota'}, \partial s_{\iota''}} \frac{\partial^2 x_\nu}{\partial s_\iota \partial s_{\iota'''}} - 2\sum_\nu \frac{\partial^2 x_\nu}{\partial s_{\iota'} \partial s_{\iota'''}} \frac{\partial^2 x_\nu}{\partial s_\iota \partial s_{\iota''}},$$

woraus schließlich durch Einsetzen der eben durch (6) und (4) gefundenen Werte hervorgeht:

$$\text{(I)} \quad \frac{\partial^2 b_{\iota,\iota''}}{\partial s_{\iota'} \partial s_{\iota'''}} + \frac{\partial^2 b_{\iota',\iota'''}}{\partial s_\iota \partial s_{\iota''}} - \frac{\partial^2 b_{\iota,\iota'''}}{\partial s_{\iota'} \partial s_{\iota''}} - \frac{\partial^2 b_{\iota',\iota''}}{\partial s_\iota \partial s_{\iota'''}}$$
$$+ \frac{1}{2} \sum_{\nu,\nu'} (p_{\nu,\iota',\iota'''} p_{\nu',\iota,\iota''} - p_{\nu,\iota,\iota'''} p_{\nu',\iota',\iota''}) \frac{\beta_{\nu,\nu'}}{B} = 0.$$

Gleichungen dieser Art müssen also die Funktionen $b$ genügen, damit $\sum_{\iota,\iota'} b_{\iota,\iota'}\, ds_\iota\, ds_{\iota'}$ in die Form $\sum_\iota dx_\iota^2$ transformiert werden kann; die linken Seiten dieser Gleichungen wollen wir mit

$(\iota\iota', \iota''\iota''')$

bezeichnen.

Um den Bau dieser Gleichungen besser verständlich zu machen, bilden wir den Ausdruck

$$\delta\delta \sum b_{\iota,\iota'}\, ds_\iota\, ds_{\iota'} - 2d\delta \sum b_{\iota,\iota'}\, ds_\iota \delta s_{\iota'} + dd \sum b_{\iota,\iota'} \delta s_\iota \delta s_{\iota'},$$

nachdem die Variationen zweiter Ordnung $d^2$, $d\delta$, $\delta^2$ so festgelegt sind, daß

$$\delta' \sum b_{\iota,\iota'}\, ds_\iota\, ds_{\iota'} - \delta \sum b_{\iota,\iota'}\, ds_\iota\, \delta' s_{\iota'} - d \sum b_{\iota,\iota'}\, \delta s_\iota \delta' s_{\iota'} = 0,$$

$$\delta' \sum b_{\iota,\iota'}\, ds_\iota\, ds_{\iota'} - 2d \sum b_{\iota,\iota'}\, ds_\iota\, \delta' s_{\iota'} = 0,$$

$$\delta' \sum b_{\iota,\iota'}\, \delta s_\iota \delta s_{\iota'} - 2\delta \sum b_{\iota,\iota'} \delta s\, \delta' s_{\iota'} = 0$$

gilt, [382] worin mit $\delta'$ eine beliebige Variation bezeichnet ist. Danach wird jener Ausdruck zu

$$\text{(II)} \quad \sum (\iota\iota', \iota''\iota''')\, (ds_\iota\, \delta s_{\iota'} - ds_{\iota'}\, \delta s_\iota)(ds_{\iota''}\, \delta s_{\iota'''} - ds_{\iota'''}\, \delta s_{\iota''}).$$

Nun wird aus dieser Bildungsweise des Ausdrucks von selbst offenbar, daß er nach Änderung der unabhängigen Variablen in einen Ausdruck übergeht, der jetzt in der gleichen Weise von den neuen Bestimmungsstücken der Summe $\sum b_{\iota,\iota'} \, ds_\iota \, ds_{\iota'}$ abhängt, wie es oben für den ursprünglichen Ausdruck (II) beschrieben wurde. Wenn nun die Größen $b$ Konstanten sind, verschwinden alle Koeffizienten des Ausdrucks (II). Daraus ergibt sich, daß der Ausdruck (II) identisch verschwinden muß, wenn $\sum b_{\iota',\iota} \, ds_\iota \, ds_{\iota'}$ in einen ähnlichen Ausdruck mit konstanten Koeffizienten transformiert werden kann.

Ebenso ist es offensichtlich, daß sich der Ausdruck

$$\text{(III)} \qquad -\frac{1}{2} \; \frac{\sum (\iota\iota', \iota''\iota''')\,(ds_\iota \, \delta s_{\iota'} - ds_{\iota'} \, \delta s_\iota)\,(ds_{\iota''} \, \delta s_{\iota'''} - ds_{\iota'''} \, \delta s_{\iota''})}{\sum b_{\iota,\iota'} \, ds_\iota \, ds_{\iota'} \sum b_{\iota,\iota'} \, \delta s_\iota \, \delta s_{\iota'} - (\sum b_{\iota,\iota'} \, ds_\iota \, \delta s_{\iota'})^2}$$

nach Änderung der unabhängigen Variablen nicht ändert, wenn der Ausdruck (II) nicht verschwindet, und darüberhinaus ungeändert bleibt, wenn anstelle der Variationen $ds_\iota$, $\delta s_\iota$ beliebige lineare unabhängige Ausdrücke derselben von der Gestalt $\alpha \, ds_\iota + \beta \delta s_\iota$, $\gamma \, ds_\iota + \delta \delta s_\iota$ eingesetzt werden. Jedoch hängen die größten und die kleinsten Werte der Funktion (III) von $ds_\iota$, $\delta s_\iota$ weder von der Gestalt des Ausdrucks $\sum b_{\iota,\iota'} \, ds_\iota \, ds_{\iota'}$ noch von den Werten der Variationen $ds_\iota$, $\delta s_\iota$ ab, weshalb an diesen Werten erkannt werden kann, ob zwei solche Ausdrücke ineinander transformiert werden können.

Unsere Untersuchungen können erläutert werden durch eine bis zu einem bestimmten Grade geometrische Deutung, die sich zwar auf ungebräuchliche Begriffe stützt, die nebenbei durchgeführt zu haben sich jedoch als nützlich erweisen wird.

Der Ausdruck $\sqrt{\sum b_{\iota,\iota'} \, ds_\iota \, ds_{\iota'}}$ kann auch als Linienelement in einem allgemeineren Raum von $n$ Dimensionen, der unsere Anschauung übersteigt, angesehen werden. Wenn man in diesem Raum von einem Punkt $(s_1, s_2, \ldots, s_n)$ aus sämtliche kürzesten Linien zieht, in deren Anfangselementen die Variationen der $s$ sich wie $(\alpha \, ds_1 + \beta \, \delta s_1)$ : $(\alpha \, ds_2 + \beta \delta s_2) : \ldots : (\alpha \, ds_n + \beta \delta s_n)$ verhalten, wobei $\alpha$ und $\beta$ beliebige Größen bezeichnen, so bilden diese Linien eine Fläche, die man im gewöhnlichen Raum, der unserer Anschauung zugrunde liegt, darstellen kann. Dabei ist der Ausdruck (III) das Krümmungsmaß dieser Fläche im Punkt $(s_1, s_2, \ldots, s_n)$.

Wenn wir jetzt zum Fall $m = 3$ zurückkehren, dann ist der Ausdruck (II) eine Form zweiten Grades in

$$ds_2 \, \delta s_3 - ds_3 \, \delta s_2, \; ds_3 \, \delta s_1 - ds_1 \, \delta s_3, \quad ds_1 \, \delta s_2 - ds_2 \, \delta s_1 ,$$

wobei wir in diesem Falle sechs Gleichungen erhalten, denen die Funktionen $b$ genügen müssen, damit $\sum b_{\iota,\iota'} \, ds_\iota \, ds_{\iota'}$ in eine Form mit konstanten Koeffizienten [383] transformiert werden kann. Es ist aber nicht schwer, nur mit Hilfe gewohnter Begriffe zu beweisen, daß dafür die sechs Bedingungen hinreichen. Gleichwohl ist zu beobachten, daß nur drei von ihnen voneinander unabhängig sind.

Um jetzt die von der hochberühmten Akademie vorgelegte Frage zu lösen, sind in jenen sechs Gleichungen die mittels der oben dargelegten Methode gefundenen Formen der Funktionen $b$ einzusetzen, wonach alle Fälle auftreten, in denen die Temperatur $u$ in homogenen Körpern eine Funktion der Zeit und nur zwei weiterer Veränderlicher sein kann.

Aber die Knappheit der Zeit gestattet es nicht, diese Rechnungen auszuführen. Wir müssen uns deshalb damit begnügen, nach der Darlegung der von uns benutzten Methoden einzelne Lösungen der vorgelegten Frage aufgezählt zu haben.

Wenn wir der Kürze halber den sehr einfachen Fall, in dem die Temperatur $u$ nach dem Gesetz

$$\text{(I)}\quad \frac{\partial^2 u}{\partial x_1^2} + \frac{\partial^2 u}{\partial x_2^2} + \frac{\partial^2 u}{\partial x_3^2} = aa\frac{\partial u}{\partial t}\ ^{1)}$$

variiert, als den einzigen berücksichtigen, auf den die übrigen Fälle leicht zurückgeführt werden können, dann kann der Fall $m = 1$ nur unter der Bedingung auftreten, daß $u$ entweder auf parallelen Geraden oder auf Kreislinien oder auch Spiralen konstant ist, so daß nach geeigneter Wahl von rechtwinkligen Koordinaten $z$, $r\cos\varphi$, $r\sin\varphi$ gesetzt werden darf: $\alpha = r$, $\beta = z + \varphi\cdot\text{const}$.

Der Fall $m = 2$ tritt ein, falls $u = f(\alpha) + \varphi(\beta)$, der Fall $m = 3$, falls $u = \alpha e^{\lambda t} + f(\beta)$, wobei $\lambda$ eine reelle Konstante bezeichnet, der Fall $m = 4$ schließlich, wie wir schon oben gefunden haben, falls $u$ entweder $\alpha e^{\lambda t} + \beta e^{\mu t} + \text{const}$ oder $(\alpha + \beta t)\, e^{\lambda t} + \text{const}$ oder $f(\alpha)$ ist.

Um nun die Gestalt der Funktion $u$ ausfindig zu machen, muß lediglich beachtet werden, daß dann die Temperatur $u$, außer wenn sie von der Form $\alpha e^{\lambda t}$ ist, nur eine Funktion der Zeit und einer einzigen Veränderlichen sein kann, wobei sie konstant ist entweder auf parallelen Ebenen oder auf Zylindern mit gleicher Achse oder auf konzentrischen Sphären. Wenn $u$ die Gestalt $\alpha e^{\lambda t}$ besitzt, so folgt aus der Differentialgleichung (I)

$$\frac{\partial^2 \alpha}{\partial x_1^2} + \frac{\partial^2 \alpha}{\partial x_2^2} + \frac{\partial^2 \alpha}{\partial x_3^2} = \lambda aa\alpha,$$

und dann werden im vierten Fall durch Einsetzen der Werte von $u$ in die Differentialgleichung (I) die Funktionen $\alpha$ und $\beta$ leicht bestimmt, wenn nur beachtet wird, daß in diesem Fall $\alpha e^{\lambda t}$ und $\beta e^{\mu t}$ konjugiert-komplexe Größen sein können.

[1]) (I) ergibt sich aus der Differentialgleichung (I) im ersten Teil. Anm. d. Übers.

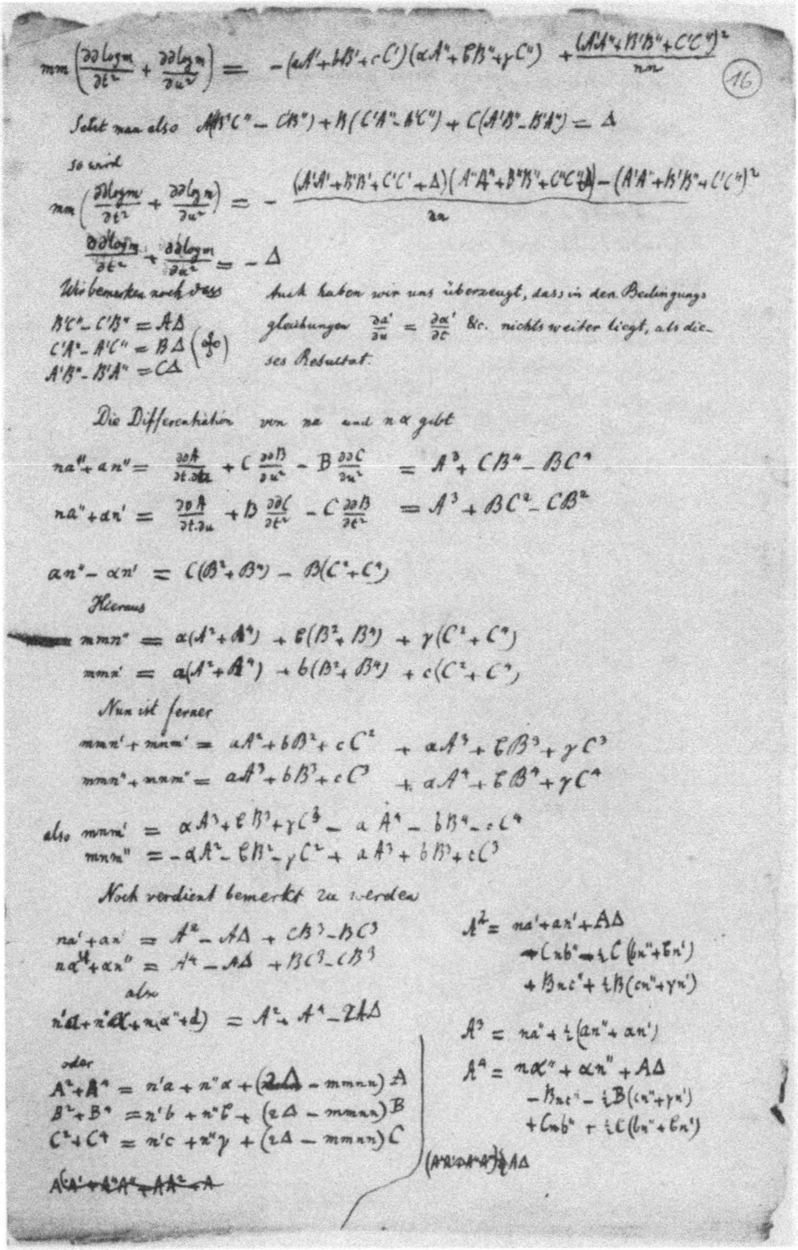

$$mm\left(\frac{\partial\partial \log m}{\partial t^2}+\frac{\partial\partial \log m}{\partial u^2}\right) = -(aA'+bB'+cC')(\alpha A''+\beta B''+\gamma C'') + \frac{(A'A''+B'B''+C'C'')^2}{nn}$$ (16)

Setzt man also $A(B'C''-C'B'')+B(C'A''-A'C'')+C(A'B''-B'A'') = \Delta$

so wird

$$mm\left(\frac{\partial\partial \log m}{\partial t^2}+\frac{\partial\partial \log m}{\partial u^2}\right) = -\frac{(A'A'+B'B'+C'C'+\Delta)(A''A''+B''B''+C''C'')-(A'A''+B'B''+C'C'')^2}{nn}$$

$$\frac{\partial\partial \log m}{\partial t^2}+\frac{\partial\partial \log m}{\partial u^2} = -\Delta$$

Wir bemerken noch dass

$B'C''-C'B'' = A\Delta$
$C'A''-A'C'' = B\Delta$
$A'B''-B'A'' = C\Delta$

Auch haben wir uns überzeugt, dass in den Bedingungsgleichungen $\frac{\partial a'}{\partial u} = \frac{\partial \alpha'}{\partial t}$ &c. nichts weiter liegt, als dieses Resultat.

Die Differentiation von $na$ und $n\alpha$ gibt

Vorderseite von Blatt 16 aus dem Gauß-Nachlaß. Die zwei Formelzeilen nach dem Wort „also“ sind von P. Stäckel in [69, S. 380–382] völlig zurecht mit dem Zeichen ⊙ versehen worden. Allerdings hätte es dort als Hinzufügung des Herausgebers in eckige Klammern gesetzt werden müssen.

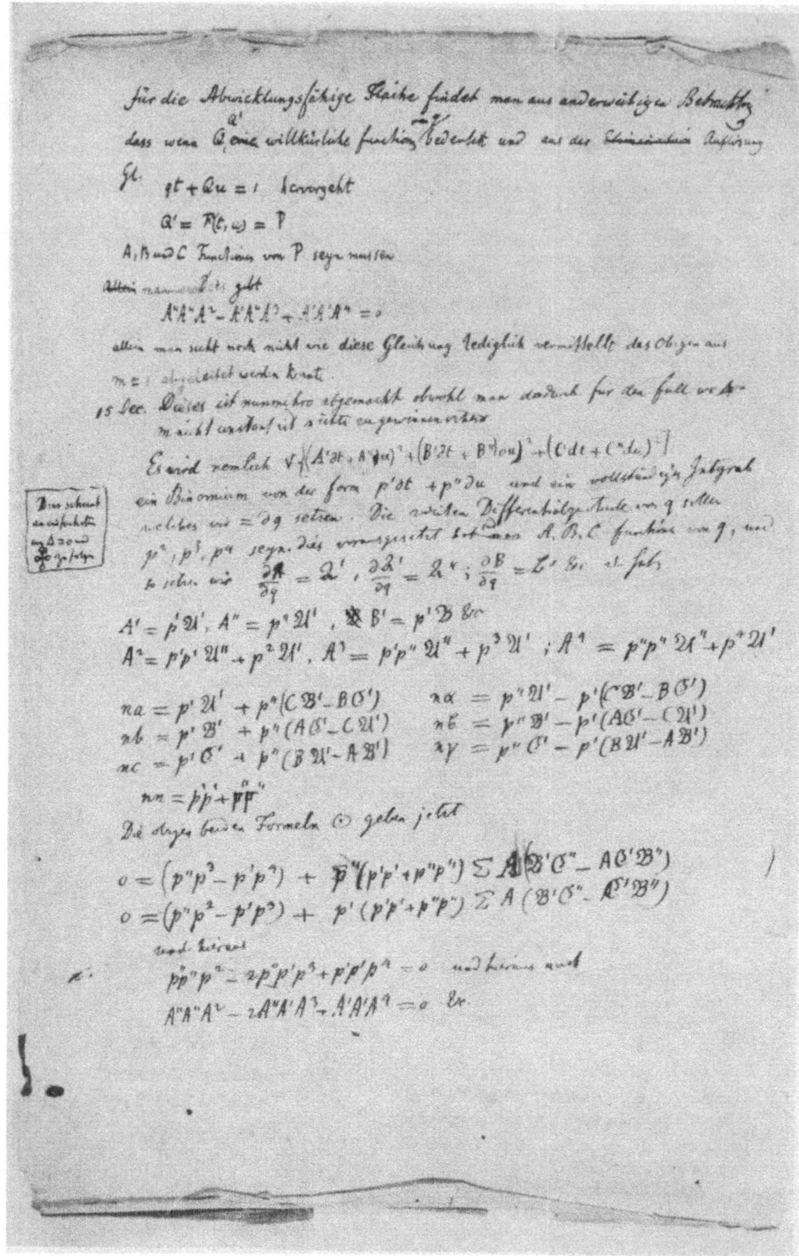

für die Abwicklungsfähige Fläche findet man aus anderweitigen Betrachtungen dass wenn $Q$ eine willkürliche function $Q'$ bedeutet und aus der [illegible] Auflösung Gl.

$qt + Qu = 1$ hervorgeht

$Q' = F(t,u) = P$

A, B und C Functionen von P seyn müssen

$A''A''A^2 - A'A''A^3 + A'A'A^4 = 0$

allein man sieht noch nicht wie diese Gleichung lediglich vermittelst des Obigen aus $m = 1$ abgeleitet werden könnte.

15 Sec. Dieses ist nunmehr abgemacht obwohl man dadurch für den Fall wo [illegible] nicht [illegible]

Es wird nemlich $\sqrt{(A'dt + A''du)^2 + (B'dt + B''du)^2 + (C'dt + C''du)^2}$ ein Binomium von der Form $p'dt + p''du$ und ein vollständiges Integral welches wir $= dq$ setzen. Die zweiten Differentialquotienten von $q$ sollen $p^2, p^3, p^4$ seyn. Dies vorausgesetzt [illegible] $A, B, C$ function von $q$, und so setzen wir $\frac{\partial A}{\partial q} = \mathfrak{A}'$, $\frac{\partial \mathfrak{A}'}{\partial q} = \mathfrak{A}''$; $\frac{\partial B}{\partial q} = \mathfrak{B}'$ etc. also folgt

$A' = p'\mathfrak{A}'$, $A'' = p''\mathfrak{A}'$, $B' = p'\mathfrak{B}'$ etc

$A^2 = p'p'\mathfrak{A}'' + p^2\mathfrak{A}'$, $A^3 = p'p''\mathfrak{A}'' + p^3\mathfrak{A}'$; $A^4 = p''p''\mathfrak{A}'' + p^4\mathfrak{A}'$

$na = p'\mathfrak{A}' + p''(C\mathfrak{B}' - B\mathfrak{C}')$ $\quad n\alpha = p''\mathfrak{A}' - p'(C\mathfrak{B}' - B\mathfrak{C}')$

$nb = p'\mathfrak{B}' + p''(A\mathfrak{C}' - C\mathfrak{A}')$ $\quad n\beta = p''\mathfrak{B}' - p'(A\mathfrak{C}' - C\mathfrak{A}')$

$nc = p'\mathfrak{C}' + p''(B\mathfrak{A}' - A\mathfrak{B}')$ $\quad n\gamma = p''\mathfrak{C}' - p'(B\mathfrak{A}' - A\mathfrak{B}')$

$nn = p'p' + p''p''$

Die obigen beiden Formeln ⊙ geben jetzt

$0 = (p''p^3 - p'p^4) + p''(p'p' + p''p'')\Sigma A(\mathfrak{B}'\mathfrak{C}'' - \mathfrak{C}'\mathfrak{B}'')$

$0 = (p''p^2 - p'p^3) + p'(p'p' + p''p'')\Sigma A(\mathfrak{B}'\mathfrak{C}'' - \mathfrak{C}'\mathfrak{B}'')$

und hieraus

$p''p''p^2 - 2p''p'p^3 + p'p'p^4 = 0$ und hieraus auch

$A''A''A^2 - 2A''A'A^3 + A'A'A^4 = 0$ etc.

Rückseite von Blatt 16 aus dem Gauß-Nachlaß. Darauf beruht [69, S. 382–384]. Der Hinweis auf die Formeln ⊙, der sich nur auf die Vorderseite dieses Blattes beziehen kann, führt zu dem Schluß, daß dort diese Markierung von GAUSS vergessen wurde. Ein nachträgliches Verschwinden des Zeichens scheidet nach Expertenmeinung aus (vgl. dazu auch S. 135).

# Kommentierender Anhang

Drei der bedeutendsten Mathematiker, deren Wirken im wesentlichen in das vergangene Jahrhundert fällt, kommen in diesem Band im Original zu Wort. Ihre genialen Ideen zur Geometrie, die für die Entwicklung der eigentlichen Differentialgeometrie bis hin zur allgemeinen Relativitätstheorie ALBERT EINSTEINS (1879–1955) grundlegend waren, besitzen auch heute noch aktuelle Bedeutung: Nicht umsonst spricht man von der Gaußschen Flächentheorie, den Riemannschen Räumen und der Minkowski-Welt.

Es läßt sich der Weg des Zuwachses an wesentlich neuer geometrischer Erkenntnis von CARL FRIEDRICH GAUSS (1777–1855) über BERNHARD RIEMANN (1826–1866) bis HERMANN MINKOWSKI (1864–1909) an den hier vorgelegten Originalarbeiten in schöner und völlig klarer Weise verfolgen. Die einzelnen epochemachenden Gedankengänge bauen in erstaunlicher Weise aufeinander auf und sind Grundlage für eine weitere Fortführung zu wesentlich neuen Erkenntnissen. Aus unserer heutigen Sicht erscheint diese Entwicklung nahezu zwangsläufig. Dennoch bedurfte es genialer Einfälle, die sich über das bisher Gedachte erhoben, die in einer für die damalige Zeit recht eigenwilligen Weise neue Wege zeigten und damit ihrer Zeit weit voraus waren. So möge uns auch heute immer wieder bewußt bleiben, was für eine große Leistung sich dahinter verbirgt, wenn anders als in dem bereits bestehenden Schema gedacht wird.

Allerdings darf auch keineswegs unerwähnt bleiben, daß danach und daran anschließend weitere hervorragende Geometer wie E. B. CHRISTOFFEL (1829–1900), O. P. BONNET (1819–1892), E. BELTRAMI (1835–1900), G. RICCI-CURBASTRO (1853–1925), T. LEVI-CIVITÀ (1873–1941), H. WEYL (1885–1955), F. KLEIN (1849–1925) und W. BLASCHKE (1885–1962), schließlich S. LIE (1842–1899), E. CARTAN (1869–1951) und J. A. SCHOUTEN (1883–1971), um nur einige zu nennen, ebenfalls mit wertvollen neuen Ideen die Entwicklung des in Rede stehenden Gebietes große Stücke vorangebracht haben. Aber die eigentlichen Grundlagen für alles das, was auf die Relativitätstheorie in mehreren Schritten zusteuerte, haben die drei erstgenannten großen Geometer gelegt. Durch folgenden Graph kann die wechselseitige Beeinflussung etwa folgendermaßen veranschaulicht werden:

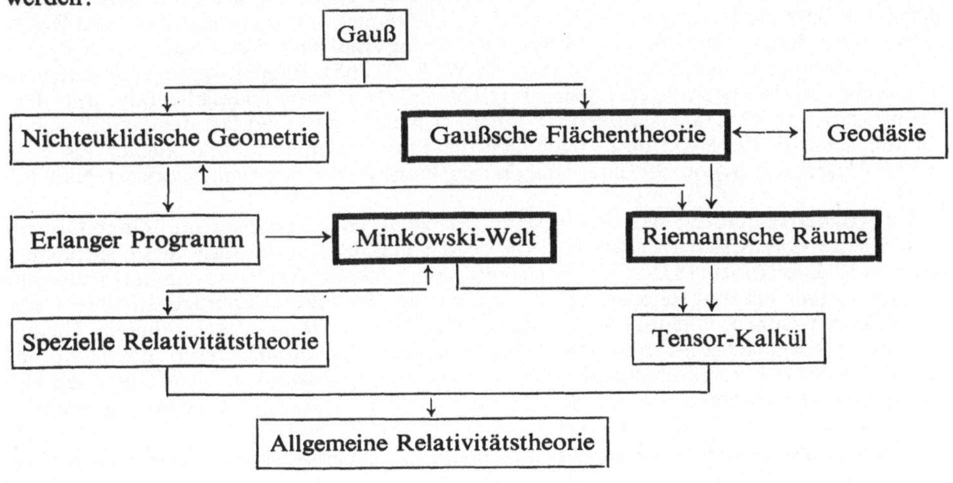

Wenn auch die Gaußsche Arbeit über die krummen Flächen in diesem Sinne als eine erste Grundlage für die Relativitätstheorie anzusehen ist, so reicht sie freilich keineswegs für die ganze Theorie aus. Es mußten noch entscheidende weitere neue Ideen hinzukommen. Zwar hatte Gauss als Programmpunkt die Behandlung der inneren Geometrie ohne Rücksicht auf Einbettungsfragen bereits gefordert und begonnen, umfassend erledigte dies jedoch erst Riemann. Und auch das konnte für Einstein noch nicht brauchbar genug sein. Zur rechten Erklärung für mathematisch-physikalische Gedankengänge mußte noch Minkowski die Raum–Zeit–Welt als vierdimensionales Kontinuum mit seiner indefiniten Metrik erkennen und schaffen und auf diese Weise die spezielle Relativitätstheorie mathematisch interpretieren, bevor Einstein einen leichteren mathematischen Zugang zu jenen neuen Gedanken finden und nutzen konnte, die schließlich in der allgemeinen Relativitätstheorie gipfelten. Aber selbst für viele Physiker war diese neue Theorie nicht so ohne weiteres begreiflich. So machte z. B. E. Gehrke, Kaiserlicher Professor und Mitglied der Physikalisch-Technischen Reichsanstalt, Privatdozent an der Universität Berlin, als Herausgeber der dritten erweiterten Auflage des Lehrbuchs der Optik von Drude (1912) auf Seite 470 über das „Zerrbild einer physikalischen Theorie" folgende Bemerkungen: „So viel ist sicher, daß die Begeisterung für die Relativitätstheorie die größte Massensuggestion war, die in der Physik seit den Tagen der N-Strahlen[1]) vorgekommen ist; eine Geschichte der Physik unserer Zeit wird diese beiden Bewegungen als im höchsten Grade charakteristisch berücksichtigen müssen." Um so wichtiger war es darum, die Theorie durch ein mathematisches Fundament zu untermauern.

Mit Recht kann man sagen, daß mit Gauss eine Wende in der Geometrie begann. Zusammen mit Riemann ist er der Begründer der Differentialgeometrie – zunächst im eigentlichen Sinne. Neben seinen Ideen über die Möglichkeit von nichteuklidischen Geometrien ist es sein großer geometrischer Beitrag über die allgemeine Flächentheorie, der geniales Gedankengut über diesen Gegenstand darlegt. Bei ihm tat sich auch bereits die Frage auf, ob die geometrische Struktur des Raumes unserer Anschauung noch weiterhin a priori als euklidisch angenommen werden darf oder ob es darüber nicht vielmehr einer empirischen Entscheidung bedarf, wie einem Brief an F. W. Bessel (1784–1846) aus dem Jahre 1829 (vgl. G. W. 8, S. 200) entnommen werden kann. Auf alle Fälle war ihm eine krumme zweidimensionale Mannigfaltigkeit nicht fremd. So untersuchte er z. B., wie aus seinem Nachlaß (1827) hervorgeht, den Charakter der Pseudosphäre als eine Rotationsfläche und bezeichnet diese als ein Gegenstück zur Kugel, was vermuten läßt, daß Gauss bereits über deren negatives konstantes Krümmungsmaß und damit über deren hyperbolische Geometrie Bescheid wußte (vgl. G. W. 8, S. 265). Eine entsprechende Betrachtungsweise ahnte schon J. H. Lambert (1728–1777), – sein Todesjahr fällt mit dem Geburtsjahr von Gauss zusammen – , indem er meinte, daß man fast den Schluß ziehen könnte, seine dritte Hypothese, nach der die Dreieckswinkelsumme kleiner als zwei rechte Winkel ist, käme bei einer imaginären Kugelfläche vor (vgl. Lambert Nachlaß [102]).

Die Möglichkeit einer Übertragung seiner Flächentheorie von zwei auf höhere Dimensionen hatte Gauss sich von Riemann in dessen Habilitationsvortrag vorstellen lassen, und wie R. Dedekind (1831–1916) berichtete, mit höchster Anerkennung und insbesondere „mit einer bei ihm seltenen Erregung über die Tiefe der vorgetragenen Ideen" zur Kenntnis genommen. Offenbar war es das große Interesse von Gauss an diesem Thema, weshalb er möglicherweise besonderen Einfluß darauf genommen hatte, das letzte der drei von Riemann vorzuschlagenden Vortragsthemen auszuwählen – was eigentlich alle überraschte, da üblicherweise von der Fakultät stets der erste Themenvorschlag bestätigt

[1]) N-Strahlen sind angebliche, geheimnisvolle Strahlen aus dem menschlichen Körper. Anm. d. Hrsg.

wurde. Allerdings hatte dieser Riemannsche Habilitationsvortrag des Jahres 1854, ein Jahr vor GAUSS' Tod, auf die weitere Arbeit von GAUSS keinen Einfluß mehr gehabt.

Die Volumenbestimmung einer speziellen hyperbolischen Pyramide als eine dreidimensionale Mannigfaltigkeit hatte GAUSS bereits 1832 selbst versucht (vgl. G. W. 8, S. 228), wohl aber mit niemandem darüber gesprochen. Und auch der *n*-dimensionale euklidische Raum spielte schon bei GAUSS eine Rolle, wenn auch lediglich in seiner Vorlesung über die Methode der kleinsten Quadrate, von der es eine Vorlesungsnachschrift des damaligen Studenten A. RITTER gibt (vgl. G. W. 10/1, S. 473–481). So muß es durchaus nicht nur Spekulation sein, sich vorzustellen, daß dem Geometer GAUSS auch ein dreidimensionaler gekrümmter Raum vorschwebte, in dem wir uns bewegen. Auf alle Fälle war ihm aber der Gedanke an eine Geometrie mit indefiniter Metrik fremd.

In seiner Allgemeinen Flächentheorie hat GAUSS gezeigt, wie innere geometrische Eigenschaften einer Fläche mit differentialgeometrischen Methoden mathematisch erfaßt und behandelt werden können. Denkt sich GAUSS zunächst die betreffenden Flächen in einem dreidimensionalen euklidischen Raum eingebettet, so führt er doch vor, wie innere Geometrie ohne Rücksicht auf den einbettenden euklidischen Raum praktiziert werden kann. Damit demonstriert er, wie man auf solchen krummen Flächen Geodäsie treiben kann, veranlaßt durch die Frage, ob und inwieweit es möglich ist, allein durch Vermessungen auf der Erdoberfläche die Gestalt der Erde zu bestimmen. Überhaupt waren der Ausgangspunkt dieser Untersuchungen von GAUSS Fragen der höheren Geodäsie oder, allgemeiner gesagt, Fragen der Praxis. Die Aufgabe, Vermessungen der Erdoberfläche durchzuführen und damit diese zu beschreiben, führte GAUSS mit großem Elan und mit einer erstaunlichen Genauigkeit durch, die ihre Wurzeln in seinen wohlausgeklügelten und raffinierten Methoden hat. Aber er entwickelte im Gefolge seiner Arbeiten insbesondere weitere übergreifende Methoden und begründete damit die Differentialgeometrie als ein umfangreiches selbständiges mathematisches Gebiet. Besonders erwähnenswert ist hierbei, daß es ihm gelang, immer wieder zu seinem Ausgangspunkt, der praktischen Geodäsie, zurückzukehren. Denn GAUSS hatte erkannt, daß die Geometrie – wie natürlich allgemein auch die Mathematik – dort vorangetrieben wird, wo sie bei der Aufklärung von Phänomenen der Anschauungswelt mitwirken kann. Mit Hilfe des qualitativen Charakters der Geometrie muß daher versucht werden, die physikalischen und auch andere Erscheinungen in verständlicher Form, zu beschreiben, um damit eine Interpretation und Deutung der Eigenschaften sowie der Vorgänge in der uns umgebenden Welt direkt oder wenigstens indirekt zu geben.

Diese große grundlegende Arbeit von GAUSS mit dem Originaltitel „Disquisitiones generales circa superficies curvas", eingereicht 1827 und erschienen 1828 in Göttingen, macht in der Übersetzung von A. WANGERIN (1. Aufl. 1889) [65] den ersten Teil dieses Textbuches aus. Dem Einwand, daß eine Übersetzung dieser fundamentalen Arbeit ins Deutsche erst mehr als ein halbes Jahrhundert nach Erscheinen erfolgt ist (die erste deutsche Übersetzung stammt von O. BÖKLEN, 1884), also noch viel später als z. B. eine Übersetzung ins Französische (1852), kann damit begegnet werden, daß die Gelehrtenwelt im damaligen Deutschland der lateinischen Sprache mächtig war und somit zunächst keine Notwendigkeit einer Übersetzung bestand.

Obwohl inzwischen über anderthalb Jahrhunderte vergangen sind, erwecken diese Untersuchungen von GAUSS immer wieder von neuem unser Interesse und setzen uns darüber in Erstaunen, was GAUSS seinerzeit schon alles gewußt hatte.

Diese Allgemeine Flächentheorie ist der erste systematische Aufbau einer inneren Flächentheorie von zweidimensionalen, im allgemeinen krummen Flächen. Sie ist das Ergebnis vieler Jahre anhaltender Arbeit auf diesem Gebiet, wie GAUSS selbst schreibt. Dabei hat man unter einer inneren Geometrie einer Fläche die Invariantentheorie gegenüber längentreuen Abbildungen der Fläche zu verstehen. Derartige isometrische Abbildungen sind allerdings nicht notwendig auch biegungsinvariante Abbildungen, da es Paare isometrischer Flächen gibt, die sich nicht durch eine stetige Schar zueinander isometrischer Flächen ineinander überführen, also nicht stetig ineinander verbiegen lassen. Möglicherweise hatte Gauss die Isometrie- und nicht nur die Biegungsinvarianz im Sinn, wie aus Formulierungen sowohl in der Selbstanzeige seiner Allgemeinen Flächentheorie (vgl. [58, S. 345 oben]) als auch insbesondere in einer Notiz von ihm, vermutlich aus dem Jahre 1816, im Nachlaß (vgl. G. W. 8, S. 372) entnommen werden kann, wo er von gleicher Totalkrümmung einer Figur in einer krummen Fläche schreibt, unabhängig von der, wie er sich sorgfältig ausdrückt, verschiedenen „Gestalt" dieser Fläche im Raum.

Bereits vorher von Gauss veröffentlichte Grundelemente zur Allgemeinen Flächentheorie findet man in der 1825 erschienenen Arbeit über konforme Abbildungen, die als Beantwortung einer Preisfrage für die Kopenhagener Akademie 1822 von Gauss angefertigt wurde und wo Bemerkungen zur Abwicklung zweier allgemeiner Flächen gemacht werden. Dabei wird die auch später verwendete Darstellung des Linienelementes bereits herangezogen. Auch im Nachlaß von Gauss aus den Jahren 1822 und danach befindet sich umfangreiches Material zu diesem Gegenstand, das zeigt, wie intensiv und wie beharrlich er über diese Dinge nachgedacht hatte.

Ursprünglich beabsichtige Gauss, seine Flächentheorie in ein größeres Werk über Fragen der Geodäsie einzubetten. Damit hatte er auch begonnen, wie die oben erwähnten Arbeiten seines Nachlasses erkennen lassen. Über die erstaunlichen Ergebnisse, die hier bereits zu finden sind, wird noch weiter unten zu berichten sein. Doch plötzlich bricht insbesondere sein großer, erst im Nachlaß vorgefundener diesbezüglicher Aufsatz über die krummen Flächen (vgl. G. W. 8, S. 408–442) ab, und auch bei verschiedenen anderen Gelegenheiten schreibt Gauss mehrmals, er sehe immer mehr ein, daß er für eine Bereitstellung der Geometrie für die Geodäsie werde weit ausholen müssen. So hat er sich dann offenbar entschlossen, eine von der Geodäsie unabhängige innere Flächentheorie zu schreiben, die so seine berühmten „Disquisitiones generales circa superficies curvas" geworden sind.

In der bereits erwähnten Selbstanzeige zur Allgemeinen Flächentheorie, in diesem Textbuch ebenfalls mit aufgenommen, teilte Gauss das Anliegen seiner Arbeit mit. Seine wichtigsten Ergebnisse sind erstens die Schaffung, Darstellung und geometrische Deutung des Begriffes „Krümmungsmaß" (Gaußsche Krümmung) in Analogie zur Krümmung einer eindimensionalen Kurve sowie die Darlegung von Eigenschaften dieses Krümmungsmaßes. Insbesondere wird dessen Isometrieinvarianz, von Gauss im Artikel 12 in seinem berühmten Theorema egregium formuliert, als besonderes und herausragendes Ergebnis der inneren Flächentheorie akzentuiert. Dieses Theorem macht diese Aussage der Isometrieinvarianz der Gaußschen Krümmung als unmittelbare Folgerung der Gauß-Gleichung (Formel am Ende von Artikel 11), die die Darstellbarkeit der Gaußschen Krümmung als Funktion lediglich der Koeffizienten der ersten Gaußschen Fundamentalform und deren partiellen Ableitungen explizit angibt. In der Folgezeit wurde dann auch oft diese Gauß-Gleichung mit dem Theorema egregium identifiziert. Dieses wichtige Ergebnis der inneren Geometrie erhielt Gauss offenbar bei der Beschäftigung mit der Frage, wie man von zwei Flächen des Raumes feststellen kann, ob sie längentreu aufeinander abgebildet werden können und was es dabei für Invarianten gibt. Vor Gauss war als Spezialfall bereits die entsprechende analytische Bedingung für die auf eine Ebene abwickelbaren Flächen bekannt, also für solche Flächen mit konstantem Krümmungsmaß Null (vgl. auch die Bemerkung dazu am Ende von Artikel 12, deren Kritik sich offenbar gegen G. Monge richtet, wie G. W. 8, S. 444/445 entnommen werden kann). Im übrigen war sich Gauss der Besonderheit des Grenzfalles eines verschwindenden Krümmungsmaßes zwischen positiver und negativer Gaußscher Krümmung voll bewußt.

Zweitens, aufbauend auf dem Begriff der geodätischen Linie als „kürzeste" Linie werden Eigenschaften dieser sowie Eigenschaften von geodätischen Dreiecken hergeleitet (etwa Gaußscher Integralsatz für geodätische Dreiecke im Artikel 20 als ein lokaler Vergleichssatz). Hier beginnt in der Theorie der Geodätischen mit GAUSS eine neue Periode.

Drittens sind die Darstellung des Linienelementes $ds^2$ als quadratische Differentialform in den Parameterdifferentialen $dp$ und $dq$ (1. Gaußsche Fundamentalform) sowie Anwendungen davon zu nennen, insbesondere bei geodätischen Koordinaten (Artikel 22). Diese infinitesimalen Betrachtungen erster Ordnung bedeuten eine Linearisierung der geometrischen Verhältnisse. Es ist dann seit GAUSS üblich geworden, eine zweidimensionale Mannigfaltigkeit im allgemeinen durch eine zweiparametrige Darstellung zu beschreiben. Im Sinne einer inneren Differentialgeometrie betrachtet GAUSS diese quadratische Differentialform als den analytischen Ausdruck für die metrische Natur einer Fläche, indem diese Differentialform eine Verbindung zwischen der metrischen und der zweidimensional-differenzierbaren Natur der Fläche herstellt (vgl. Artikel 12 im lateinischen Originaltext und dessen Interpretation in der Selbstanzeige; man vgl. auch die verbesserte deutsche Übersetzung von P. DOMBROWSKI [40], die der obigen Formulierung entspricht).

Viertens schließlich kehrt GAUSS in gewisser Weise zu seinen geodätischen Anliegen zurück und vergleicht gleichsam als Anwendung seiner Ergebnisse näherungsweise Winkel und Inhalt geodätischer Dreiecke mit solchen ebener Dreiecke gleicher entsprechender Seitenlängen, indem er die ersten Koeffizienten von deren Potenzreihenentwicklungen bis höchstens einschließlich der fünften Ordnung betrachtet. Außerdem erscheint bereits hier der längeninvariante erste (Beltramische) Differentialparameter (vgl. Artikel 22).

Damit werden teilweise auch Ergebnisse von L. EULER (1707–1783), A. M. LEGENDRE (1752–1833) und G. MONGE (1746–1818) in einen neuen Zusammenhang gestellt, wobei die Arbeiten des letzteren wohl den geringsten Einfluß auf GAUSS gehabt haben.

Möglicherweise wollte also GAUSS in seiner Allgemeinen Flächentheorie insbesondere nur die innere Geometrie vorführen. Sein Interesse dafür äußerte er z. B. in seinem berühmt gewordenen Programm zur inneren Geometrie der Flächen im Artikel 13. Darum hat er eine Vielzahl seiner weiteren Ergebnisse, die über die innere Geometrie hinausgehen, hier nicht mit aufgenommen, obwohl diese durchaus zu einer „allgemeinen" Flächentheorie mit gehört hätten. Zu finden sind solche weiteren Gaußschen Resultate in seinem Nachlaß, dort z. B. unter den Überschriften „Neue allgemeine Untersuchungen über die krummen Flächen" [68], „Die Seitenkrümmung" [67] und als besonders wichtige Notiz „Stand meiner Untersuchung über die Umformung der Flächen" [69]. In diesem letztgenannten Aufsatz aus dem Jahre 1822 werden ganz systematisch die Konsequenzen aus der Vertauschbarkeit von Differentiationsreihenfolgen gezogen, so daß GAUSS bereits dort nicht nur die oben erwähnte Gauß-Gleichung, sondern auch die beiden üblicherweise als Mainardi-Codazzische Gleichungen bezeichneten Relationen erhält. Er möchte sogar diese zwei Gleichungen mit dem astronomischen Zeichen ⊙ für die Sonne als offenbar besonders bedeutsames Ergebnis markiert wissen (vgl. [69, S. 382 und 384]). Erstaunlicherweise ist jedoch auf den uns zugänglich gewordenen Kopien des handschriftlichen Originals (vgl. Reproduktion auf Seite 129, Zeilen 11 und 12 von unten) bei diesen Gleichungen das ⊙-Zeichen nicht zu finden; aber es belegt ein Verweis von GAUSS am Ende der Arbeit [69, S. 384] in gleicher Weise wie im handschriftlichen Original (vgl. S. 130, Zeile 6 v. u.), daß das Sonnenzeichen doch dort zu stehen hat. Auf jeden Fall stammt die Gaußsche Erkenntnis des Bestehens dieser Gleichung aus dem Jahre 1822 und ist folglich mehr als ein Vierteljahrhundert älter als die der Italiener G. MAINARDI (1800–1879) und D. CODAZZI (1824–1873).

Einige ergänzende Worte zur Chronik der Mainardi-Codazzischen Gleichungen sollten hier noch gesagt werden. Die Arbeit „Stand meiner Untersuchung über die Umformung der Flächen" wurde von GAUSS nicht publiziert und erst von P. STÄCKEL (1862–1919) im Jahre 1900 im 8. Band der Gauß-Werke herausgegeben. Daß nun die dort mit dem Sonnenzeichen hervorgehobenen Gleichungen die beiden in konformen Parametern geschriebenen Mainardi-Codazzischen Gleichungen sind, scheint allerdings der sehr verdienstvolle Herausgeber und Kommentator nicht bemerkt zu haben. Die einige Zeilen danach angegebenen drei zusammengehörenden Formeln, die den zweiten Beltramischen Differentialparameter, ebenfalls in konformen Parametern, enthalten und gleichwertig mit den beiden ⊙-Gleichungen sind, dürften wohl auch nicht von ihm als solche erkannt worden sein. Offenbar sind diese Tatsachen bis vor kurzem überhaupt noch nicht festgestellt worden, und erst H. Reichardt hat anläßlich eines Vortrags im Jenaer Kolloquium 1978 möglicherweise als erster darauf aufmerksam gemacht. Im übrigen ist die Behandlung des Problems von Gauss in konformen Parametern keine Beschränkung der Allgemeinheit, da er in seiner Preisschrift [57] die Existenz lokaler konformer Koordinaten nachgewiesen hatte, demzufolge jedes nicht zu große Flächenstück konform in die Ebene abgebildet werden kann.

Im Jahre 1853 reichte K. Peterson (1828–1881), ein Schüler F. Mindings (1806–1885), in Dorpat, jetzt Tartu, seine Dissertation „Über die Biegung der Flächen" in deutscher Sprache ein. Diese Arbeit wurde nicht publiziert und erschien erst 1952 in russischer Übersetzung. A. Kneser (1862–1930), der um die Jahrhundertwende längere Zeit in Dorpat wirkte, war sie jedoch nach Aussagen seines Enkels M. Kneser wohlbekannt. In dieser Arbeit, innerhalb der allerdings nur in Krümmungslinien gearbeitet wird, erhält Peterson als ein Nebenergebnis seines Anliegens aus der Vertauschung von Differentiationsreihenfolgen drei Gleichungen, die den beiden Mainardi-Codazzischen Gleichungen sowie der zum Theorema egregium führenden Gauß-Gleichung entsprechen. Damit hat Peterson zwar nach Gauss, aber vor Mainardi und Codazzi die in Rede stehenden Fundamentalgleichungen bereits gefunden gehabt; sie sind jedoch, da er nur in Krümmungslinien arbeitet, in Nabelpunkten, also z. B. für die Kugel, nicht verwendbar.

D. Codazzi gibt in einer Preisschrift für die Pariser Akademie aus dem Jahre 1860 diese Fundamentalgleichungen an. Seine Ergebnisse hat er mit großem Erfolg in Paris vorgetragen, allerdings zuerst auch in Krümmungskoordinaten formuliert; in seiner Publikation 1883 jedoch, die also erst Jahre später erfolgte, erscheinen diese Gleichungen in allgemeinen Parametern. Zuvor hatte aber schon G. Mainardi 1857 in einer Mailänder Zeitschrift inhaltlich dieselben Gleichungen publiziert, und zwar gleich in allgemeinen Parametern, wie sie Gauss in seiner Flächentheorie benutzt hatte. Erst auf den Protest von Mainardi hin wurden die zunächst mit dem Namen von Codazzi belegten zwei Fundamentalgleichungen die „Mainardi-Codazzischen Gleichungen" genannt. So haben diese Gleichungen viel Aufregung und Prioritätsstreit verursacht, wobei schließlich Gauss, wie allerdings erst kürzlich erkannt wurde, die Ehre gebührt, als erster in allgemeingültiger Form diese Fundamentalgleichungen hergeleitet zu haben.

Diese Gleichungen von Mainardi-Codazzi sind – auch wenn sie nicht zur inneren Flächentheorie gehören, sondern zusammen mit der Gauß-Gleichung die Integrabilitätsbedingungen für die Ableitungsgleichungen der Flächen darstellen – von Wichtigkeit für Flächenuntersuchungen, bei denen die dritten partiellen Ableitungen nach den Parametern auftreten. Da Gauss aber die Gültigkeit aller drei Fundamentalgleichungen bekannt war, konnte er in seiner Flächentheorie mit gutem Gewissen schreiben, daß sich eine gewisse Identität, die er durch Vertauschen der Differentiationsreihenfolge erhält, „leicht zeigen läßt" (Artikel 11). Man bekommt so den Eindruck, da auch der Beweis in den Disquisitiones eine reine Verifikation ist, daß Gauss hier den eigentlichen Grund der Gauß-Gleichung, eine Integrabilitätsbedingung zu sein, nach Möglichkeit verschleiern will, ganz im Gegensatz zum „Stand meiner Untersuchung über die Umformung der Flächen", wo er ganz bewußt untersucht, was aus den drei Integrabilitätsbedingungen gefolgert werden kann. Und so gelangt er dort von selbst nicht nur zum Theorema egregium, sondern auch zu den ⊙-Mainardi-Codazzischen Gleichungen.

Aus dem Aufsatz über die Seitenkrümmung (vgl. G. W. 8, S. 386–395) wird deutlich, daß GAUSS bereits spätestens 1825 die geodätische Krümmung und ihre Isometrie-Invarianz kannte, die dann schließlich 1830 von F. MINDING [121] wiederentdeckt wurde. GAUSS gibt sie dort als ein Beispiel für eine Invariantenbildung an. In seiner Allgemeinen Flächentheorie kommt in diesem Zusammenhang allerdings nur der Begriff der geodätischen Linie vor, obwohl durchaus auch die geodätische Krümmung mit hineingepaßt hätte. Offenbar war ihm seine gefundene Darstellung für die Seitenkrümmung noch nicht reif genug. Dabei liegt es gar nicht so fern, den in seiner Flächentheorie angegebenen Integralsatz für geodätische Dreiecke durch Grenzübergang von geodätischen Polygonen auf geschlossene Kurven zu übertragen, wobei dann ganz von selbst die geodätische Krümmung mit herausgekommen wäre, die er in seiner unveröffentlichten Arbeit Seitenkrümmung genannt hatte. Der oben erwähnte Grenzübergang muß zwar sehr geschickt gemacht werden, aber das hätte GAUSS bei seinem souveränen Umgang mit Potenzreihenentwicklungen gewiß mühelos erledigen können. Im übrigen beschreibt W. HAACK in seiner „Elementaren Differentialgeometrie", wie man mittels Grenzübergang zur geodätischen Krümmung kommt. Ausgangspunkt ist dabei eine beachtenswerte geometrisch-anschauliche Motivierung.

Hat man alle diese Dinge erfahren, so wird man voller Bewunderung für das mathematische Genie zu dem Prinzeps mathematicorum aufblicken. Sein Prinzip, die erreichten Ergebnisse nur in völlig reifer Form und so mitzuteilen, daß man dem theoretischen Gebäude nicht das Gerüst ansehen darf, mit dem es gebaut wurde, müssen wir mit Respekt zur Kenntnis nehmen.

Der Übergang von der Gaußschen Allgemeinen Flächentheorie zu den neuen Gedanken in RIEMANNS Habilitationsvortrag des Jahres 1854 „Über die Hypothesen, welche der Geometrie zugrunde liegen" [145] zeigt sich in zweifacher Weise.

RIEMANN hat den Programmpunkt von GAUSS aufgegriffen, innere Geometrie zu treiben und diese weiter auszubauen. Und dieses erledigt er gleich allgemein für eine $n$-dimensionale differenzierbare Mannigfaltigkeit – dies ist der erste wesentlich neue Aspekt bei RIEMANN. Durch Metrisierung einer solchen Mannigfaltigkeit wird die Riemannsche Geometrie in Gestalt einer metrischen Differentialgeometrie eine unmittelbare Fortsetzung der Gaußschen Flächentheorie von zwei auf $n$ Dimensionen, in der die innere Flächentheorie von GAUSS als Spezialfall enthalten ist. Dabei ist im Sinne einer inneren Geometrie eine Einbettung in einen höherdimensionalen euklidischen Raum nicht nötig, so daß die Riemannsche Geometrie von jeglichen Voraussetzungen für Einbettungsmöglichkeiten frei bleibt. Natürlich kann man sich nachträglich noch Gedanken machen, ob und wie eine $n$-dimensionale Mannigfaltigkeit in eine geeignete höherdimensionale, die etwa auch eine euklidische sein darf, eingebettet werden kann. So ist etwa jede (Gaußsche) Fläche im dreidimensionalen euklidischen Raum eine zweidimensionale Riemannsche Mannigfaltigkeit. Aber diese Betrachtungsweise steht hier zunächst nicht zur Debatte; sie erscheint höchstens im Abschnitt II,1 des Habilitationsvortrages als ein Randproblem bei der Abzählung der Anzahl frei wählbarer Funktionen als Koeffizienten zur Darstellung des Linienelementes einer Mannigfaltigkeit. Umgekehrt läßt sich von einer $n$-dimensionalen Riemannschen Mannigfaltigkeit deren Maßbestimmung auf alle in ihr gelegenen $m$-dimensionalen Untermannigfaltigkeiten in ganz natürlicher Weise übertragen, und dabei ist die Maßbestimmung in diesen Untermannigfaltigkeiten wiederum eine Riemannsche Metrik.

Die Schöpfung der Riemannschen Geometrie erschließt für die damalige Zeit als auch noch für heute völlig neuartige Geometrien und kann zugleich als ein Prinzip zur Typisierung neuer Raumformen gelten. So konnte aufgrund der Riemannschen Ideen das Raumproblem von einem neuen und universellen Standpunkt aus aufgerollt werden. Ohne Zweifel zählt die Riemannsche Geometrie zu den großen Errungenschaften des mathematischen Denkens und war unerläßliche Voraussetzung für viele Anwendungen. Seine Theorie schuf RIEMANN aber auch mit dem weiteren Anliegen, den Physikern bei der Beschäftigung mit derartigen Räumen die mathematischen Schwierigkeiten zu nehmen. Das ist ihm gelungen. Insbesondere lieferte die Riemannsche Geometrie eine mathematische Grundlage für die allgemeine Relativitätstheorie.

In einem derartigen Zusammenhang wurden mehrdimensionale Räume vorher nicht behandelt. Diese neue Riemannsche Geometrie, die an die Stelle der zweidimensionalen Flächen $n$-dimensionale Mannigfaltigkeiten treten läßt und deren innere Geometrie lediglich auf der Definition des Linienelements aufbaut, löste also damit GAUSS' metrische Differentialgeometrie der Flächen ab. Mit Erstaunen stellte man dann fest, was sich aus einer Metrik dieser Art alles herausholen läßt. Fundamental ist die Tatsache der geforderten Maßbestimmung im Infinitesimalen, die H. WEYL [173, S. 59] im Vergleich mit dem Vorgehen in der Physik, etwa von M. FARADAY (1791–1867) und J. C. MAXWELL (1831–1879), als einen Übergang von der „Fernwirkungs- zur Nahwirkungstheorie" bezeichnete. Bereits GAUSS erkannte als entscheidend für die Eigenschaften von Flächen das Verhalten von Differentialformen, die das Quadrat des Linienelements $ds$ darstellen. Offenbar ist den Riemannschen Gedankengängen das Prinzip eigen, die Welt aus ihrem Verhalten im Unendlichkleinen zu verstehen und damit gleichzeitig die Möglichkeit in der Hand zu haben, sie im Großen beschreiben zu können. Das hatte RIEMANN bereits bei seinen funktionentheoretischen Betrachtungen praktiziert, indem er eine komplexe Funktion durch ihr lokales Verhalten definiert und damit automatisch auch im Großen beschreibt. Nunmehr setzt er dieses Prinzip mit Erfolg in der Geometrie ein. Dort verlangt er, daß eine differenzierbare Mannigfaltigkeit im Infinitesimalen sich euklidisch verhält. Das bedeutet eine Linearisierung derart, daß in jedem lokalen Vektorraum eine euklidische Metrik gegeben ist und daß somit dort auch der Satz des Pythagoras gilt. Für die differenzierbare Mannigfaltigkeit folgt daraus, daß der metrische Fundamentaltensor in jedem Punkt positiv definit ist (vgl. Abschnitt II, 1 des Habilitationsvortrages). So wird die metrische Struktur des Raumes durch das Tensorfeld des metrischen Fundamentaltensors der Größen $g_{ik}$ dargestellt, und diese Größen gehen in die Formeln der Geometrie und auch der diesbezüglichen Physik ein. In diesem Sinne entwickelt RIEMANN seine Geometrie aufgrund einer infinitesimalen Geometrie durch Rückgang auf das Unendlichkleine. Er braucht als Geräte zum Messen nur feste Maßstäbe, also eindimensionale Körper.

Der zweite wesentlich neue Aspekt beim Übergang von GAUSS zu RIEMANN besteht in den Konsequenzen, die RIEMANN gezogen hat, als er freie Beweglichkeit des $n$-dimensionalen Raumes in sich voraussetzte. Im Rahmen der Aufgabe, unter allen Geometrien solche herauszufinden, die durch besondere und möglichst einfache Eigenschaften charakterisiert werden können, fordert RIEMANN eben diese freie Beweglichkeit in der Mannigfaltigkeit, d. h. die Möglichkeit einer längentreuen Abbildung der Mannigfaltigkeit auf sich in jeglicher Hinsicht, also bei Gleichberechtigung aller Punkte und Richtungen dieser Mannigfaltigkeit. Dann muß ein konstantes (Gaußsches) Krümmungsmaß für alle möglichen Flächenstellungen in allen Punkten der Mannigfaltigkeit vorliegen. Solche Räume konstanten Krümmungsmaßes werden in den Abschnitten II, 4–5 des Habilitationsvortrages betrachtet, und es kann für diese Räume das Linienelement angegeben werden, bei RIEMANN in konformen Parametern. In einem solchen Falle läßt sich die betreffende Mannigfaltigkeit zumindest im Kleinen längentreu auf den $n$-dimensionalen euklidischen, elliptischen bzw. hyperbolischen Raum abbilden, je nachdem ob das konstante Krümmungsmaß Null, positiv oder negativ ist. Obwohl RIEMANN gewiß nichts über die Parallelentheorie von GAUSS, J. BÓLYAI (1802–1860) und N. I. LOBATSCHEFSKI (1792–1856) gewußt hat, denn für ihn war A. M. LEGENDRE der letzte berühmte Mathematiker, der in die Dunkelheit der Anfänge der euklidischen Geometrie hineinzuleuchten suchte, kommt er von einem ganz anderen, nämlich seinem universellen Standpunkt aus ebenfalls zur nichteuklidischen Geometrie, für die offenbar damals die Zeit reif geworden war. Bis dahin hatte die nichteuklidische Geometrie in keinem direkten Zusammenhang mit der Differentialgeometrie gestanden. Durch RIEMANNS neue Auffassung von den Räumen werden die nichteuklidischen Geometrien, die im Grunde genommen zunächst nicht über die euklidischen Positionen hinausgekommen waren, in wunderbarer Weise in differentialgeometrische Betrachtungen einbezogen. So sehen wir heute im nachhinein, wie bereits seinerzeit RIEMANNS neue Auffassung und Konzeption von den Räumen durch die fast gleichzeitig beginnenden nichteuklidischen Geometrien auch ihrerseits eine weitere Unterstützung erfahren. Es ergibt sich der einfache Sachverhalt, daß euklidische und nichteuklidische Geometrien lediglich Spezialfälle der Riemannschen Geometrie darstellen. So kann man wohl sagen, daß RIEMANN als erster die Bedeutung der nichteuklidischen Geometrie – wenn vielleicht auch nicht im Großen – voll verstanden hat. Die allgemeine Theorie der Riemannschen Mannigfaltigkeiten sicherte darum auf diese Weise den nichteuklidischen Geometrien – und darüber hinaus auch noch vielen anderen Raumformen – ihre Existenzberechtigung.

Durch die Möglichkeit der freien Beweglichkeit in einem Raum konstanter Krümmung erhält man eine gewisse Homogenität des Raumes. Bei derartigen Homogenitätsforderungen ergibt sich umgekehrt der euklidische bzw. nichteuklidische Charakter der betreffenden Mannigfaltigkeit. Mit dem Begriff der Automorphismengruppe gelang dann schließlich F. KLEIN im Rahmen seines Erlanger Programms die angemessene Beschreibung für eine solche Homogenität des Raumes: Je umfassender die Automorphismengruppe ist, desto ähnlicher wird der betreffende Raum einem der drei klassischen euklidischen bzw. nichteuklidischen Räume, also den Räumen konstanter Krümmung.

RIEMANN war der erste und für lange Zeit der einzige, der das Ausmaß der Gaußschen Ideen und deren Folgerungen zu ermessen vermochte und dem es gelang, die beiden geometrischen Arbeitsrichtungen von GAUSS, nämlich die Flächentheorie und die Grundlagen der Geometrie, von denen, wie oben erwähnt, ihm nur die erste seinerzeit bekannt war, in einer übergeordneten Theorie zu vereinen. Sein Habilitationsvortrag selbst ist eine Meisterleistung sondersgleichen. RIEMANN wollte in seiner Probevorlesung auch mathematisch nicht speziell gebildeten Mitgliedern der Fakultät möglichst verständlich bleiben. Darum wählte er eine Darstellung, die ohne irgendwelche analytischen Hilfsmittel den Sachverhalt angibt, aber so genau, daß nach seinen Vorschriften der Zugang zu den Ergebnissen vollständig vorbereitet wird und bei genügend mathematischen Kenntnissen und Fertigkeiten nachvollzogen werden kann. Allerdings muß eingeräumt werden, daß dieses Nachvollziehen schon einige Anforderungen stellt. Denn RIEMANN nutzt den gesamten Apparat der Analysis voll aus, wie seiner Preisschrift über die Wärmeverteilung in einem festen Körper entnommen werden kann. Diese Preisschrift, die RIEMANN bei der Pariser Akademie im Jahre 1861 eingereicht hatte, enthält insbesondere im zweiten Teil einige Passagen und Formeln, die die analytische Bewältigung seines Habilitationsvortrages erleichtern. Vor allem ist in ihr eine Skizze der Transformationstheorie der quadratischen Differentialformen für $n$-dimensionale Räume enthalten. Diese Preisschrift in lateinischer Sprache, der RIEMANN den von I. NEWTON (1643–1727) am Ende von dessen Arbeit über die Quadratur der Kurven (vgl. [128, S. 244]) formulierten Leitspruch „Et his principiis via sternitur ad majora"[1]) gegeben hat und dessen für die hier in Rede stehenden Betrachtungen wichtiger zweiter Teil die Überschrift „De transformatione expressionis $\sum_{\iota,\iota'} b_{\iota,\iota'}\, ds_\iota\, ds_{\iota'}$ in formam datam $\sum_{\iota,\iota'} a_{\iota,\iota'}\, dx_\iota\, dx_{\iota'}$" trägt, ist darum in diesem Textbuch zusammen mit dem Riemannschen Habilitationsvortrag – in gewissem Sinne als dessen Fortsetzung und Erläuterung – sowohl im lateinischen Original [147] als auch in einer Übersetzung von OLAF NEUMANN aufgenommen worden. Die Beant-

[1]) „Und mittels dieser Grundsätze wird ein Weg zu Höherem gebahnt."

wortung der Preisaufgabe stellt aber nicht nur eine Ergänzung des Habilitationsvortrages dar, sondern demonstriert auch gleichzeitig an einem Beispiel, wie RIEMANN seine Ideen in einem zunächst völlig andersartig erscheinenden Gebiet der mathematischen Physik anwenden kann. Weder der Habilitationsvortrag noch diese Bearbeitung der Preisaufgabe sind allerdings zu Lebzeiten RIEMANNS veröffentlicht worden; RIEMANN hatte diese Dinge dann auch nicht weiter verfolgt. Die Preisschrift wurde übrigens von der Pariser Akademie nicht ausgezeichnet, weil die Darstellung in dieser Abhandlung äußerst knapp ist und insbesondere die Lösungswege für die einzelnen Resultate nur im allgemeinen skizziert und nicht in aller Ausführlichkeit formuliert worden sind, was den Bedingungen der Pariser Akademie widersprach. Zu einer ausführlicheren Darstellung ist RIEMANN jedoch infolge seines weniger guten Gesundheitszustandes nicht mehr gekommen. H. WEBER (1842–1913) als Herausgeber der gesammelten Werke RIEMANNS hat dann durch instruktive Anmerkungen, die auf R. DEDEKIND zurückgehen, die Riemannschen Gedankengänge dazu weiter verdeutlicht. Für uns ist auf alle Fälle diese Preisschrift eine wertvolle Ergänzung der Riemannschen Theorie der $n$-dimensionalen Mannigfaltigkeiten, die hier für isotherme Kurven eine unvorhergesehene Verwendung findet. Und RIEMANNS Grundlagen für diese Theorie der Wärmeleitung, im Habilitationsvortrag dargelegt, sind schließlich ein halbes Jahrhundert später in der allgemeinen Relativitätstheorie wieder höchst aktuell geworden.

In seinem Habilitationsvortrag entwickelt RIEMANN die Theorie des, wie wir heute sagen, $n$-dimensionalen „Riemannschen Raumes". Dieser Raum wird durch Angabe des Linienelementes definiert. RIEMANN erkennt, daß dieser Raum verschiedener Maßverhältnisse fähig ist und der euklidische Raum nur als ein Spezialfall zu gelten hat. Es ist ihm ganz deutlich bewußt geworden, daß die hinreichenden Bedingungen zur Bestimmung der Maßverhältnisse eines Raumes lediglich Hypothesen sein können (vgl. Einleitung und Schluß des Habilitationsvortrages). Man könnte dies als eine Vorahnung für die Prinzipien der allgemeinen Relativitätstheorie auffassen, nach der der materielle Gehalt des Raumes die Krümmungsverhältnisse bestimmt.

Für die Charakterisierung der Maßverhältnisse einer solchen $n$-dimensionalen Mannigfaltigkeit hat RIEMANN erkannt, daß Maßzahlen benutzt werden können, die die Abweichung vom Euklidischen von geeigneten zweidimensionalen Untermannigfaltigkeiten beschreiben und somit das Krümmungsverhalten betreffen. Da es gelingt, in der Darstellung des Linienelements einer $n$-dimensionalen Mannigfaltigkeit infolge möglicher Parametertransformationen $n$ Koeffizienten vorzuschreiben, bleiben zur Erfassung einer Klasse von nicht „wesentlich verschiedenen" $n$-dimensionalen Mannigfaltigkeiten (die sich nämlich höchstens durch ihre „Darstellungsweise" unterscheiden) nur noch $\binom{n}{2}$ Funktionen als Koeffizienten in der Darstellung des betreffenden Linienelements übrig, die folglich durch die betreffende Klasse von Mannigfaltigkeiten bereits völlig bestimmt sind.

Zur Bewältigung dieser Aufgabe der Charakterisierung werden von RIEMANN die Begriffe der Geodätischen – als Ersatz für gerade Linien – und der damit zusammenhängenden geodätischen Koordinaten in Gestalt von (Riemannschen) Normalkoordinaten herangezogen. Diese Objekte sind hierfür gut geeignet, da nach dem Theorema egregium von GAUSS bei isometrischen Abbildungen sowohl das Krümmungsmaß einer zweidimensionalen Fläche als auch als weitere Folgerung die Geodätischen erhalten bleiben. Im Sinne einer Normierung wird damit auch gleichzeitig von der Darstellungsweise der betreffenden Mannigfaltigkeit abstrahiert. Im übrigen werden die vorliegenden Mannigfaltigkeiten hier genauso wie bei GAUSS immer als genügend oft differenzierbar vorausgesetzt, ohne daß darüber gesprochen wird.

Bei Potenzreihenentwicklung des so vorbereiteten Linienelementquadrats $ds^2$ in einer geeigneten Umgebung eines beliebig gewählten Punktes $P_0$ der Mannigfaltigkeit, das dann in nullter Näherung als euklidisch angesetzt werden kann, verschwinden aus geometrisch-analytischen Gründen die Glieder der ersten Ordnung. Für die Glieder der zweiten Ordnung gelingt eine Zusammenfassung zu einem homogenen Ausdruck zweiten Grades, dessen Koefffzienten nur von dem betreffenden Anfangspunkt $P_0$ abhängen. Infolge bestimmter Symmetrien ergeben sich dann hier bereits jene für die oben erwähnte Charakterisierung notwendigen $\binom{n}{2}$ unabhängigen Koeffizienten. Diese beschreiben aufgrund der so gewählten Darstellung näherungsweise die Abweichung der Mannigfaltigkeit in dem betreffenden Punkt $P_0$ von einer euklidischen und können demzufolge auch als ein Maß für die Tendenz der Abweichung vom euklidischen Fall in $P_0$ interpretiert werden. Diese Entwicklungskoeffizienten stellen die Koordinaten des Riemann-Christoffelschen Krümmungstensors in diesem Punkte dar. Aus den wesentlichen Entwicklungskoeffizienten läßt sich bekanntlich in einfacher Weise das Gaußsche Krümmungsmaß für diejenige zweidimensionale Mannigfaltigkeit bestimmen, die als geodätische Fläche von dem zum betreffenden Entwicklungskoeffizienten gehörigen Flächenelement erzeugt wird (nämlich indem $R_{i,k;i,k}$, $i \neq k$, durch das Quadrat der diesbezüglichen Funktionaldeterminante $g_{ii}g_{kk} - g_{ik}^2$ als Quadrat des betreffenden Flächenverzerrungsfaktors dividiert wird, um eine gewisse Invarianz zu erreichen, zuzüglich eines eventuellen weiteren Zahlenfaktors bei unterschiedlicher Normierung, z. B. von $-\frac{3}{4}$, wie RIEMANN in II, 2 seines Habilitationsvortrages angibt). Das Auftreten dieser $\binom{n}{2}$ Parameter als Entwicklungskoeffizienten führt RIEMANN zu dem Schluß, daß durch diese (das heißt also durch den Riemann-Christoffelschen Krümmungstensor) die Maßverhältnisse der Mannigfaltigkeit in $P_0$ charakterisiert werden können (vgl. Habilitationsvortrag II, 2).

Eine geometrische Deutung des Krümmungstensors gibt RIEMANN in II, 3 (vgl. auch RIEMANNS Preisschrift, 2. Teil, Formel III) durch Rückgang auf zweidimensionale Untermannigfaltigkeiten durch den Punkt $P_0$. Bei Vorgabe eines beliebigen zweidimensionalen Teilraumes des lokalen Vektorraumes von $P_0$ bezüglich der $n$-dimensionalen Mannigfaltigkeit sind alle von $P_0$ ausgehenden Geodätischen der Mannigfaltigkeit bestimmt, die diesen lokalen Vektorraum in $P_0$ berühren. Dadurch wird zunächst eine wohlbestimmte zweidimensionale Mannigfaltigkeit erzeugt mit einer Metrik, die ihr von der $n$-dimensionalen Mannigfaltigkeit aufgeprägt wird. Eine solche Mannigfaltigkeit läßt sich innerhalb einer gewissen Umgebung von $P_0$ durch eine Fläche des dreidimensionalen euklidischen Raumes jedoch nur bis auf isometrische Abbildungen eindeutig darstellen. Aber für alle derartigen Flächen ist nach dem Theorema egregium das Gaußsche Krümmungsmaß eindeutig bestimmt, so daß dieses dem Punkt $P_0$ mit der durch ihn gehenden zweidimensionalen Flächenrichtung eindeutig zugeordnet werden kann. Zur Abkürzung läßt sich die Lage der zweidimensionalen Flächenrichtung durch Plückersche Einheitskoordinaten beschreiben (vgl. H. REICHARDT [137]). Somit kann dann das Gaußsche Krümmungsmaß einer zweidimensionalen Mannigfaltigkeit durch die Koordinaten des Krümmungstensors unter Verwendung der erwähnten Plückerschen Koordinaten in einem vorgegebenen Punkt angegeben werden. Und dieser Wert stimmt gleichzeitig mit dem Wert für das (Riemannsche) Krümmungsmaß (Schnittkrümmung) der $n$-dimensionalen Mannigfaltigkeit in $P_0$ bezüglich der betreffenden Flächenrichtung überein (vgl. Formel (III) im zweiten Teil der Riemannschen Preisschrift). Detaillierte Angaben zu diesen Rechnungen finden sich in der ersten der bereits erwähnten Anmerkungen zur Preisschrift in RIEMANNS gesammelten Werken (Anmerkung (1) zu Seite 382 der ersten Auflage) sowie unter Verwendung des Begriffs der infinitesimalen Parallelverschiebung in den Erläuterungen von H. WEYL zu RIEMANNS Habilitationsvortrag [145]. Bei einem Raum konstanter Krümmung sind dann alle möglichen Schnittkrümmungen von derselben Größe.

Wenn auch heutzutage der Riemannsche Krümmungstensor in anderer Weise eingeführt wird, – etwa in Anlehnung an das Vorgehen von E. B. Christoffel mit invariantentheoretischen Methoden – so stellt doch Riemanns Verfahren als Zusammenspiel zwischen analytischer Beschreibung der Verhältnisse in der Umgebung eines Punktes einer Mannigfaltigkeit einerseits und geometrischer Interpretation des analytisch beschriebenen Sachverhalts andererseits einen schönen, im eigentlichen Sinne geometrischen Zusammenhang her zu dieser bezüglich der gesamten $n$-dimensionalen Mannigfaltigkeit innergeometrischen Krümmungstheorie. Die erstaunliche Tiefe der Gedanken, von der schon Gauss sehr beeindruckt war, tritt hierbei ganz offensichtlich und auch für uns heute noch spürbar hervor.

Bei den Betrachtungen wird besonders deutlich, daß der allgemeine Riemannsche Raum nur noch im Infinitesimalen euklidisch ist, also bei punktförmiger Entartung, und diese Loslösung von der bisherigen Gedankenwelt Euklids neue Möglichkeiten zur Beschreibung physikalischer Naturgesetze freigibt. Bemerkenswert ist, daß Riemann für die Einführung und Deutung des Krümmungstensors bezüglich seiner $n$-dimensionalen Geometrie das ursprünglich nur für das Zweidimensionale geschaffene Theorema egregium von Gauss erfolgreich benutzen kann.

Man erkennt, wie sich Bernhard Riemann, der zusammen mit Dedekind zunächst als ein Schüler von Gauss in dessen letzten Lebensjahren gelten kann, mit der Tiefe und Schärfe seiner mathematischen Ideen und Intuitionen zu einem ebenbürtigen Partner von Carl Friedrich Gauss erhoben hat.

Es gibt Begründer von weitreichenden mathematischen Theorien, die am Beginn einer neuen mathematischen Epoche stehen. Zu diesen rechnen wir Gauss und Riemann. Auch Hermann Minkowski steht in gewissem Sinne noch mit in dieser Reihe. Und dieses Textbuch ist jenen Mathematikern gewidmet, die am Anfang der eigentlichen Differentialgeometrie stehen und deren Entwicklungsrichtung hin zur allgemeinen Relativitätstheorie weist. Der wesentliche Beitrag und das Neue in H. Minkowskis Artikel „Raum und Zeit" ist die Erkenntnis, daß die Bilinearform für das Quadrat des Linienelements nicht notwendig definit sein muß. So übernimmt Minkowski von Riemann die Möglichkeit der Konstruktion einer Metrik für eine vierdimensionale Mannigfaltigkeit mit Hilfe der letzten Endes auf Gauss zurückgehenden Darstellung des Linienelementes. Indem er aber zu den drei räumlichen Koordinaten als vierte eine Koordinate der Zeit hinzunimmt, erhält er zur Befriedigung bereits bekannter Invarianzen automatisch eine indefinite Metrik für seine Welt und, damit zusammenhängend, sowohl raum- als auch zeitartige Mannigfaltigkeiten in einem solchen pseudo-euklidischen Raum. Diese seine neuen Ideen trägt er auf der 80. Naturforscherversammlung 1908 vor, und jener Vortrag ist hier im Originaltext [124] aufgenommen worden.

Bereits in Bonn beschäftigte sich Minkowski unter H. Hertz (1857-1894) mit theoretisch-physikalischen Studien. Königsberg, wo er auf Empfehlung von D. Hilbert (1862-1943) als dessen Nachfolger wirkte, war nur eine kurze Zwischenstation. Nach weiterem sechsjährigem Wirken in Zürich nahm Minkowski 1902 eine auf Vorschlag von Hilbert neu geschaffene Professur in Göttingen an. Mit dieser Berufung wollte Hilbert seine Idee weiter verwirklichen, an der Universität Göttingen neben Berlin ebenfalls eine Zentrale für Mathematik zu errichten. Seitdem gab es eine besonders enge Zusammenarbeit zwischen diesen beiden bereits seit ihrer Studienzeit befreundeten Mathematikern. In gemeinsamen Seminaren und gemeinsamen Studien der Mechanik und Physik, wobei Minkowski gewiß das größere Fachwissen auf diesen Gebieten mitbrachte, durchdachten sie die klassische theoretische Physik und insbesondere die elektrodynamische Theorie und wurden so von den neuen großen Umwälzungen des physikalischen Denkens in Gestalt von Relativitätstheorie und Quantenmechanik erfaßt. Möglicherweise wurde Hilbert unter dem Einfluß Minkowskis auf die Physik gelenkt. Es steht jedenfalls fest, seit dieser gemeinsamen Zeit begann HILBERTS Schaffensperiode der Physik. Während jedoch HILBERT das Ziel einer Axiomatik der Physik vor Augen hatte, regten MINKOWSKI die Ideen von H. A. LORENTZ (1853-1928) und A. EINSTEIN zu seinen wichtigen elektrodynamischen Untersuchungen an, die schließlich zu seinem „Weltpostulat" führten. Als übrigens MINKOWSKI in Göttingen von EINSTEINS genialen Arbeiten Kenntnis genommen hatte, soll er über den ehemaligen Züricher Studenten, der auch bei ihm Vorlesungen belegt hatte, gesagt haben: „Ach der EINSTEIN, der schwänzte immer die Vorlesungen – ihm hatte ich das gar nicht zugetraut" (vgl. [139, S. 105]).

MINKOWSKI kann als Nachfolger von GAUSS und RIEMANN gelten, denn deren Ideen mußten ebenso erst vorhanden sein wie die physikalischen Ideen EINSTEINS zur Relativitätstheorie. Es fehlte aber der mathematische Rahmen, in den das Einsteinsche Gedankengut hineinpaßte und weiterentwickelt werden konnte. Die meisten Physiker wie auch Mathematiker hatten seinerzeit EINSTEIN nicht verstanden, wie z. B. die oben zitierte Bemerkung von E. GEHRKE zeigte. Aber dieses änderte sich mit einem Schlag, als nämlich die auf MINKOWSKI zurückgehende mathematische Auffassung der speziellen Relativitätstheorie bekannt wurde.

Damit gibt MINKOWSKI der Entwicklung eine Wende, so daß ein Umdenken in neuen mathematischen Bahnen erfolgen konnte, und zwar unter Nutzbarmachung des gruppentheoretischen Programms von F. KLEIN. Darum ist es auch gerechtfertigt, MINKOWSKI mit an den Beginn dieser neuen mathematischen Ära zu stellen, die weitreichende Folgerungen hervorgebracht hat. MINKOWSKI hat als erster jenes Postulat ausgesprochen, das er als Weltpostulat bezeichnete, weil er damit seine „Welt" beschreiben konnte. Mit diesem und dazu äquivalenten Aussagen schafft er eine neue mathematische Betrachtungsweise, und damit, wie wir ihm zu Ehren heute sagen, die „Minkowski-Welt". Wenn sich auch der Name „Weltpostulat" nicht durchgesetzt hat, geblieben sind die Bezeichnungen „Weltpunkt" und „Weltlinie", die einen ganz konkreten mathematischen Hintergrund haben. Durch die Konzeption der Minkowski-Welt und durch seine weiteren Arbeiten zur relativistischen Elektrodynamik förderte MINKOWSKI entscheidend die spezielle Relativitätstheorie, weil er die mathematische Quintessenz herausarbeitete. Die physikalischen Gesetze, so auch die Maxwellschen Gleichungen, sind ebenso wie das Linienelement invariant gegenüber Lorentztransformationen, und somit ist vom gruppentheoretischen Aspekt aus gesehen die Darstellung etwa der Elektrodynamik eine tensoranalytische Darstellung in der vierdimensionalen Minkowski-Welt. Dadurch ist den Mathematikern und Physikern klar geworden, was zunächst die spezielle Relativitätstheorie bedeutet. Sie war die Vorstufe für die allgemeine Relativitätstheorie. Die Hypothese der Längenkontraktion und der Zeitdilatation erwies sich dann als äquivalent mit dieser neuen Auffassung von Raum und Zeit.

Danach war es EINSTEINS Gedanke, durch die Schaffung der Minkowski-Metrik aber durchaus schon vorbereitet, daß in mathematischer Sicht in der „Welt" der symmetrische metrische Tensor mit dem Gravitationspotential identifiziert werden kann. Auf diese Weise erhielt EINSTEIN die allgemeine Relativitätstheorie. EINSTEINS Arbeiten zur allgemeinen Relativitätstheorie und einheitlichen Feldtheorie förderten dann ihrerseits wieder die Entwicklung des Tensorkalküls und ergaben grundsätzlich neue Einsichten über das Verhältnis von Mathematik und hier insbesondere von Geometrie einerseits sowie Physik andererseits.

Somit gebührt MINKOWSKI auf dem Weg von GAUSS über RIEMANN zu EINSTEIN das Verdienst, EINSTEINS Gedanken den Weg über ein mathematisches Verständnis hin zur allgemeinen Verständlichkeit und Faßbarkeit geebnet zu haben.

Die hier aufgenommenen grundlegenden Originalarbeiten stehen am Anfang einer wahrhaft neuen Epoche. Die bedeutendsten Mathematiker, die das Gedankengut von

Gauss, Riemann und Minkowski aufgegriffen, zusammengefaßt und mit neuen Wendungen versehen, die also weitere neue und wesentliche eigene Gedanken hinzugefügt haben, so daß Einstein und seine Nachfolger in der Relativitätstheorie damit arbeiten konnten, sollen hier zum Abschluß wenigstens noch kurze Erwähnung finden.

Die Riemannsche Krümmungstheorie wurde zuerst von E. B. Christoffel aufgegriffen und weiter fortgesetzt. Mit analytischen Mitteln gibt Christoffel 1868 die exakte Lösung dafür an, daß zwei Riemannsche Metriken äquivalent sind. Dafür hatte Riemann ja bereits in seiner 1861 verfaßten, jedoch erst von Dedekind aus Riemanns Nachlaß 1876 veröffentlichten Preisschrift für die Pariser Akademie einen Lösungsweg skizziert, allerdings mehr aus geometrischer Sicht, wie oben bereits erwähnt.

Für den Krümmungstensor kann Christoffel nachweisen, daß dieser eine Differentialinvariante zweiter Ordnung in einem Riemannschen Raum darstellt – eine Differentialinvariante erster Ordnung gibt es dort nicht. Dabei gelingt ihm auch eine direkte Berechnung dieses Krümmungstensors. Deshalb sprechen wir heute vom Riemann-Christoffelschen Krümmungstensor.

Bei seinen diesbezüglichen Untersuchungen sind für Christoffel die von ihm geschaffenen Dreiindizessymbole, heute Christoffelsymbole genannt, ein weiteres und folgenreiches Instrumentarium. Auch in Einsteins allgemeiner Relativitätstheorie spielen die Christoffelsymbole eine wichtige Rolle. Sie treten dort als die Komponenten des Gravitations- und Inertialfeldes auf, wobei der Krümmungstensor den Feldgradienten repräsentiert.

Eine besondere Bedeutung erhalten die Christoffelsymbole in der Theorie von T. Levi-Cività aus dem Jahre 1917, die als eine weitere bedeutende Fortsetzung der Riemannschen Krümmungstheorie betrachtet werden kann und insbesondere unter dem Einfluß der Einsteinschen Relativitätstheorie entstanden ist. In dieser Theorie beschreiben die Christoffelsymbole einen natürlichen Paralleltransport von Vektoren und Tensoren in Riemannschen Mannigfaltigkeiten. Die hierbei auftretenden Begriffe der „infinitesimalen Parallelverschiebung" bzw. des auf H. Weyl (1918) zurückgehenden „affinen Zusammenhangs", für den die „lineare Übertragung" (Parallelverschiebung) eine geometrische Interpretation darstellt, sind von weitreichender fundamentaler Bedeutung. Dadurch kann der Krümmung eine natürliche geometrische Bedeutung gegeben werden: Die Übertragung längs einer geschlossenen Kurve im Sinne eines Paralleltransports von Vektoren, die einen Automorphismus des Vektorraumes im Anfangspunkt induziert, ist im allgemeinen nicht wegunabhängig. Nachdem eine solche geschlossene Kurve auf einen Punkt zusammengezogen worden ist, hängt diese Übertragung nur noch vom Krümmungstensor ab. Indem so diese Übertragung in erster Näherung durch das Krümmungsmaß beschrieben werden kann, hat der Aufbau der Riemannschen Geometrie sehr an Einfachheit und Anschaulichkeit gewonnen. In diesem Sinne ist der Krümmungstensor ein Maß für die Abweichung vom gewöhnlichen (absoluten) Parallelismus und damit von der Euklidizität. Aus dieser Sicht beruht dann der größte Teil der Riemannschen Geometrie nicht auf der Existenz einer Metrik, sondern auf einem affinen Zusammenhang, der aber natürlich von der betreffenden Metrik – in diesem immer torsionsfreien Fall – automatisch hervorgerufen wird. Die Christoffelsymbole beschreiben den allgemeinen linearen Zusammenhang in einem Vektorbündel und stellen so die Koeffizienten des Zusammenhangs dar.

Ein zweiter fundamentaler Begriff, der außer und schon vor der infinitesimalen Parallelverschiebung hinzugekommen ist und sich in gewisser Weise bereits bei Christoffel findet, ist die „absolute Differentiation" (oder „kovariante Ableitung"). Diese Idee konnte von der italienischen Schule sehr erfolgreich aufgegriffen und weiterentwickelt werden. Insbesondere G. Ricci und dessen Schüler T. Levi-Cività haben 1901 diesen „absoluten Differentialkalkül" entwickelt, der als Ricci-Kalkül in die Literatur eingegangen ist. Dieser Kalkül ersetzt den altbekannten Differentiationsprozeß durch einen neuen, der jeden Tensor wieder in einen Tensor verwandelt, dessen Stufe gegenüber dem

Ausgangstensor um eine kovariante Stufe erhöht ist. Erst diese Erweiterung der bisherigen Tensoralgebra zur Tensoranalysis ermöglichte es EINSTEIN, den Übergang von der speziellen zur allgemeinen Relativitätstheorie zu vollziehen. So konnte das fundamentale Feldgesetz relativistisch formuliert werden. Dieses stellt bekanntlich eine lineare Verknüpfung von Energie-Impuls-Tensor (Verteilung und Bewegung von Energie und Impuls), verjüngtem Krümmungstensor zweiter Stufe, mit dem Namen RICCIS oder auch EINSTEINS verknüpft, und dem metrischen Fundamentaltensor der pseudoriemannschen Metrik des Raumes der Ereignisse, im Sinne von MINKOWSKI als Welt bezeichnet, dar. Dieser Übergang von der speziellen zur allgemeinen Relativitätstheorie bedeutet geometrisch den Schritt von einer pseudoeuklidischen Metrik zu einer pseudoriemannschen, die beide durch geeignete pseudoeuklidische Tangentialräume charakterisiert werden können.

Eine Würdigung der diesbezüglichen außerordentlichen und bedeutenden Leistungen von LEVI-CIVITÀ erfolgte durch dessen Aufnahme als korrespondierendes Mitglied in die Preußische Akademie der Wissenschaften. In dem Wahlvorschlag (1929) von A. EINSTEIN [50, S. 137], der außerdem von damals führenden Mathematikern und Physikern wie L. BIEBERBACH (1886–1982), M. v. LAUE (1879–1960), M. PLANCK (1858–1947), ERHARD SCHMIDT (1876–1959), E. SCHRÖDINGER (1887–1961) sowie I. SCHUR (1875 bis 1941) unterzeichnet ist, heißt es u. a. in der Laudatio: „Für die große Linie der wissenschaftlichen Entwicklung sind zwei Leistungen LEVI-CIVITÀS von entscheidender Bedeutung gewesen. Erstens nämlich hat er mit RICCI zusammen den absoluten Differentialkalkül aufgebaut und hat so die mathematische Form für die allgemeine Relativitätstheorie mitgeschaffen. Zweitens und hauptsächlich hat er in dem Begriffe der infinitesimalen Parallelverschiebung einen höchst bedeutsamen Gesichtspunkt zur Vertiefung der Theorie des $n$-dimensionalen Kontinuums geschaffen. Dieser Begriff hat nicht nur zu einer wunderbaren Vereinfachung der Riemannschen Theorie der Krümmung geführt, sondern auch zur Verallgemeinerung der Geometrie über RIEMANN hinaus Veranlassung gegeben, deren theoretische Bedeutung allgemein anerkannt, deren physikalische Bedeutung noch nicht abzusehen ist. Die Versuche von WEYL, EDDINGTON und EINSTEIN einer Verschmelzung der Theorie von Gravitation und Elektrizität beruhen auf LEVI-CIVITÀS Idee. Es kann kein Zweifel darüber bestehen, daß LEVI-CIVITÀ die neueste Entwicklung der mathematischen Physik und Infinitesimal-Geometrie entscheidend beeinflußt hat."

Weil den geodätischen Linien als Ersatz für Geraden in der Relativitätstheorie die besondere Bedeutung der Bahnkurven zukommt, bedurfte es auch bei indefiniter Metrik einer Erklärung solcher Linien. Denn hierbei versagt deren Beschreibung als kürzeste Linien, womit GAUSS und RIEMANN bei einer definiten Metrik sehr erfolgreich arbeiten konnten. Eine andere Definition war darum erforderlich. Bereits CHRISTOFFEL hatte Geodätische als solche Kurven erkannt, längs denen der Tangentenvektor konstant bleibt, oder, was dasselbe ist, längs denen das Differential verschwindet. Nimmt man diese Eigenschaft umgekehrt als Definition für eine Geodätische, dann ist diese Erklärung allgemeiner als die frühere bei GAUSS und RIEMANN; sie läßt sich insbesondere auch bei indefiniter Metrik verwenden, so daß schließlich EINSTEIN damit arbeiten konnte. In dessen allgemeiner Relativitätstheorie läßt sich nun das Schwerefeld durch das Verhalten der Geodätischen charakterisieren, weil sich hierbei die Teilchen längs dieser Geodätischen bewegen. Die Unsymmetrien in dieser Welt, beschrieben etwa durch den nichtkonstanten Krümmungstensor, rufen darum das Gravitationsfeld hervor.

Durch Einführung von alternierenden Differentialformen kann E. CARTAN schließlich eine übersichtlichere Darstellung der Theorie der absoluten Differentiation geben. Die vielen in den ursprünglichen Formeln auftretenden Indizes sind dabei weniger geworden. Man hat das Gefühl, daß hierbei überhaupt keine Parameter vorkommen. Die Darstellung ist aber immer noch von den Vektorbasen in den einzelnen Punkten abhängig. Der Cartansche Kalkül konnte schließlich total invariant von H. REICHARDT in der 1968 erschienenen zweiten Auflage seines Lehrbuches „Vorlesungen über Vektor- und Tensorrechnung" dargestellt werden, wobei nicht nur Invarianz gegenüber Parametertransformationen, sondern auch Invarianz gegenüber Wechsel der Vektorbasen vorliegt.

Wurde, beginnend mit Gauss, Riemann und Minkowski, für den mathematischen Hintergrund der Einsteinschen Relativitätstheorie der Weg geebnet, so kann nicht übersehen werden, daß als erstes die geniale physikalische Vorstellung einer relativistischen Welt vorhanden war, die nachträglich erst ein mathematisches Gewand bekam. Eine solche relativistische Vorstellung, schon von H. A. Lorentz [178] und H. Poincaré (1854–1912) [179] gleichzeitig im Jahre 1904 im wesentlichen ausgesprochen, aber nicht weit genug ausgeschöpft, wurde dann 1905 von A. Einstein für alle Bereiche der Physik – abgesehen von der Gravitation – als spezielles Relativitätsprinzip erkannt und weiter durchdacht. Durch das von den hier besprochenen Geometern ermöglichte mathematische Gewand wurde Einsteins Theorie übersichtlich, besser verständlich und für eine echte Weiterentwicklung zugänglich. So münden die Gedankengänge der großen Geister in eine neue Vorstellung von der Welt, mit der Einstein die Grundlagen seiner theoretischen Kosmologie aufbauen konnte und die auch heute noch nicht abgeschlossen ist. Wenn Albert Einstein mehrfach betont, daß er sich die Sache im Augenblick so vorstelle, es aber auch ganz anders sein könne, so ist dies als eine Aufforderung zu verstehen, an seiner Theorie weiterzuarbeiten und sie zu vervollständigen.

# Literatur


[1] BELTRAMI, E.: Ricerche di analisi applicata alla geometria. G. mat. **2** (1864), 267–282, 297–306, 331–339, 355–375; G. mat. **3** (1865), 15–22, 33–41, 82–91, 228–240, 311–314.
[2] –, –: Teoria fondamentale degli spazi di curvatura constante. Ann. mat. p. appl. (2) **2** (1868/69), 232–255.
[3] –, –: Sulla teoria generale delle superficie. Atti Ateneo Veneto (2) **5** (1868), 535–542.
[4] –, –: Sulla teoria generale dei parametri differenzali. Mem. Acc. Bologna (2) **8** (1868), 551–590.
[5] –, –: Saggio di interpretazione della geometria non euclidea. G. Mat. **6** (1869), 284–312.
[6] BIANCHI, L.: Vorlesungen über Differentialgeometrie. Autorisierte deutsche Übers. von M. LUKAT. 2. Aufl. Leipzig: Teubner-Verlag 1910.
[7] –, –: Über die Flächen mit constanter negativer Krümmung. Math. Ann. **16** (1880), 577–582.
[8] BLASCHKE, W.: Vorlesungen über Differentialgeometrie und geometrische Grundlagen von Einsteins Relativitätstheorie II, Affine Differentialgeometrie. Bearb. von K. REIDEMEISTER. Berlin: Springer-Verlag 1923.
[9] –, –: C. F. Gauß und die Differentialgeometrie. Gedenkband Gauß. Leipzig: Teubner-Verlag 1957.
[10] BLASCHKE, W.; REICHARDT, H.: Einführung in die Differentialgeometrie. 2. Aufl. Berlin–Göttingen–Heidelberg: Springer-Verlag 1960.
[11] BLASCHKE, W.; LEICHTWEISS, K.: Elementare Differentialgeometrie. 5. Aufl. Berlin–Heidelberg–New York: Springer-Verlag 1973.
[12] BONNESEN, T.; FENCHEL, W.: Theorie der konvexen Körper. Berlin: Springer-Verlag 1934. Reprint New York: Chelsea 1948, 1971.
[13] BONNET, O. P.: Mémoire sur la théorie générale des surfaces. J. éc. polyt. **19** (1848), 1–146.
[14] –, –: Note sur la théorie générale des surfaces. C. R. Paris **33** (1851), 89–92.
[15] BOUR, E.: Théorie de la déformation des surfaces. J. éc. polyt. **22** (1862), 1–148.
[16] BRIOSCHI, F.: Sopra il prodotto reciproco dei raggi di curvatura di una superficie. Ann. mat. fis. Roma **3** (1852), 273–276.
[17] CARTAN, E.: Sur la structure des groupes de transformations finis et continus. Thèse, Paris: Nony 1894.
[18] –, –: Sur une généralisation de la notion de courbure de Riemann et les espaces à torsion. C. R. Paris **174** (1922), 593–595.
[19] –, –: Leçons sur les invariants intégraux. Paris: Hermann 1922.
[20] –, –: Le Géométrie des espaces de Riemann. Mém. Sc. math. **9** (1925).
[21] –, –: Sur une classe remarquable d'espaces de Riemann. Bull. Soc. math. **54** (1926), 214–264; **55** (1927), 114–134.
[22] –, –: Sur certaines formes riemanniennes remarquables des géometries à groupe fondamental simple. Ann. Ec. Norm. **44** (1927), 345–467.
[23] –, –: Leçons sur la Géométrie des Espaces de Riemann. Paris: Gauthier-Villars 1928, 2. Aufl. 1946.
[24] –, –: La théorie des groupes finis et continus et l'Analysis situs. Mém. Sc. Math. **42** (1930).
[25] –, –: Les espaces symétriques. Verh. Int. Math. Kongr. I Zürich (1932), 152–161.
[26] CAYLEY, A.: Sixth Memoir upon Quantics. Philos. Trans. **149** (1859), 61–90.
[27] CHERN, S. S.: A simple intrinsic proof of the Gauss-Bonnet formula for closed riemannian manifolds. Ann. of Math. **45** (1944), 747–752.
[28] –, –: Some new viewpoints in Differential Geometry in the Large. Bull. Amer. Math. Soc. **52** (1946).
[29] –, –: Topics in Differential Geometry. Princeton: The Institute for Advanced Study 1951.
[30] CHRISTOFFEL, E. B.: Allgemeine Theorie der geodätischen Dreiecke. Abh. Akad. Berlin, Math. Phys. Kl. (1868), 119–176.
[31] –, –: Sul problema delle temperature stazionarie e la rappresentatione di una data superficie. Ann. Mat. Pura Appl. (2), **1** (1868), 89–103.
[32] –, –: Über die Transformation ganzer homogener Differentialausdrücke. Monatsber. Akad. Berlin 1869, 1–6.
[33] –, –: Über die Transformation der homogenen Differentialausdrücke zweiten Grades. J. Math. **70** (1869), 46–70.
[34] –, –: Über ein die Transformation homogener Differentialausdrücke zweiten Grades betreffendes Theorem. J. Math. **70** (1869), 241–245.
[35] CODAZZI, D.: Mémoire relatif à l'application des surfaces les unes sur les autres (envoyé au concours ouvert sur cette question en 1859 par l'Académie des Sciences). Mém. prés. div. sav. Ac. sc. Paris (2) **27** (1883), 1–47.

[36] –, –: Sulle coordinate curvilinee d'una superficie e dello spazio. Ann. mat. p. appl. (2) **1** (1867/68), 293–316; **2** (1868/69), 101–119, 269–287; **4** (1870/71), 10–24; **5** (1871/73), 206–222.
[37] Coxeter, H. S. M.: Non-euclidean Geometry. Toronto: Univ. Toronto Press 1942; 2. Aufl. 1947, 3. Aufl. 1957.
[38] Darboux, G.: Leçons sur la théorie générale des surfaces et les applications géométriques du calcul infinitésimal, **1–4**. Paris: Gauthier-Villars 1887–1896.
[39] Dini, U.: Sulle superficie di curvatura constante. G. mat. **3** (1865), 241–256.
[40] Dombrowski, P.: Differentialgeometrie – 150 Jahre nach den „Disquisitiones generales circa superficies curvas" von Carl Friedrich Gauß. Vortragsniederschrift. Braunschweig 1977.
[41] Drude, P.: Lehrbuch der Optik. 3. Aufl. Hrsg. von E. Gehrcke. Leipzig: Hirzel-Verlag 1912.
[42] Einstein, A.: Die Grundlagen der allgemeinen Relativitätstheorie. Leipzig: Barth-Verlag 1916.
[43] –, –: Grundzüge der Relativitätstheorie. 5. Aufl. Berlin: Akademie-Verlag 1979; zugleich 7. erw. Aufl. Braunschweig: Vieweg 1969.
[44] –, –: Über spezielle und allgemeine Relativitätstheorie. 10. Aufl. Braunschweig: Vieweg 1920; 26. Aufl. Berlin: Akademie-Verlag; Oxford: Pergamon Press; Braunschweig: Vieweg 1969.
[45] –, –: Zur allgemeinen Relativitätstheorie. Sitz.-Ber. Preuss. Akad. Wiss., Phys.-Math. Kl. (1923), 32–38.
[46] –, –: Neue Möglichkeiten für eine einheitliche Feldtheorie von Gravitation und Elektrizität. Sitz.-Ber. Preuss. Akad. Wiss., Phys.-Math. Kl. (1928), 1–6.
[47] –, –: Zur einheitlichen Feldtheorie. Sitz.-Ber. Preuss. Akad. Wiss., Phys.-Math. Kl. (1929), 1–8.
[48] –, –: Zum Kosmologischen Problem der allgemeinen Relativitätstheorie. Sitz.-Ber. Preuss. Akad. Wiss., Phys.-Math. Kl. (1931), 1–5.
[49] Einstein Centenarium 1979. Berlin: Akademie-Verlag 1979.
[50] Einstein in Berlin 1913–1933. Berlin: Akademie-Verlag 1979.
[51] Euler, L.: Methodus inveniendi lineas curvas maximi minimive proprietate gaudentes. Lausanne und Genf: Bousquel & Socios 1744; Werke **24**, hrsg. v. C. Carathéodory bzw. A. Speiser. Bern: Orell Füssli Turici 1952.
[52] –, –: Recherches sur la courbure des surfaces. Mém. Ac. sc. Berlin **16**, 1760 (1767), 119–143; Werke **28**, 1–22.
[53] –, –: De solidis quorum superficiem in planum explicare licet. Novi Comment. Ac. sc. Petropol **16** (1772), 3–34.
[54] Favard, J.: Cours de Géométrie différentielle locale. Paris: Gauthier-Villars 1967.
[55] Fenchel, W.: On total curvature of Riemannian manifolds. London Math. Soc. **15** (1940), 15 bis 22.
[56] Firey, W. J.: Subsequent Work on Christoffel's Problem about Determining a Surface from Local Measurement. E. B. Christoffel – The Influence of His Work on Mathematics and the Physical Sciences. Basel–Boston–Stuttgart: Birkhäuser Verlag 1981, 721–723.
[57] Gauss, C. F.: Allgemeine Auflösung der Aufgabe: Die Theile einer gegebnen Fläche auf einer andern gegebnen Fläche so abzubilden, dass die Abbildung dem Abgebildeten in den kleinsten Theilen ähnlich wird (Als Beantwortung der von der königlichen Societät der Wissenschaften in Copenhagen für 1822 aufgegebnen Preisfrage). Astr. Abh. (Hrsg. von H. C. Schumacher) 1825, 1–30; Werke **4**, 189–216.
[58] –, –: Selbstanzeige. Disquisitiones generales circa superficies curvas. Gött. gel. Anz. 1827, 1761 bis 1768; Werke **4**, 341–347.
[59] –, –: Disquisitiones generales circa superficies curvas. Comment. Soc. Gött., Math. Kl. **6** (1828), 99–146; Werke **4**, 217–258.
[60] –, –: Account of a paper by Prof. Gauß, intitled: Disquisitiones generales circa superficies curvas, communicated to the Royal Society of Göttingen on the 8th of october 1827 (Übers. der Anzeige von F. Baily) Philosoph. mag. N. S. **3** (1828), 331–336.
[61] –, –: Recherches sur la théorie générale des surfaces courbes. Lat. Text der Disquisitiones in G. Monge. Application de l'Analyse à la Géométrie. 5. Aufl. Hrsg. von J. Liouville. Paris: Bachelier 1850, 505–546.
[62] –, –: Recherches générales sur les surfaces courbes. Übers. der Disquisitiones von T. A(badie). Nouv. Ann. math. **11** (1852), 195–252.
[63] –, –: Recherches générales sur les surfaces courbes. Übers. der Disquisitiones mit Anmerkungen und Ergänzungen von M. E. Roger. Grenoble: Prudhomme 1855, 2. Aufl. Grenoble 1870.
[64] –, –: Untersuchungen über die allgemeine Theorie der krummen Flächen. Übers. der Disquisitiones von O. Böklen. In O. Böklen. Analytische Geometrie des Raumes. 2. Aufl. Stuttgart: Koth 1884, 198–232.
[65] –, –: Allgemeine Flächentheorie (Disquisitiones generales circa superficies curvas). Übers. der Disquisitiones von A. Wangerin. Ostwald's Klassiker der exakten Wissenschaften **5**. 1. Aufl. Leipzig: Engelmann 1889.
[66] –, –: General investigations of curved surfaces of 1827 and 1825. Übers. ins Englische mit Anmerkungen und einer Bibliographie v. J. C. Morehead u. A. M. Hiltebeitel. Princeton: Princeton Univ. Library 1902.
[67] –, –: Die Seitenkrümmung. Nachlaß, Werke **8**, 386–395.
[68] –, –: Neue allgemeine Untersuchungen über die krummen Flächen. Nachlaß, Werke **8**, 408–442.

[69] –, –: Stand meiner Untersuchung über die Umformung der Flächen. Nachlaß, Werke **8**, 374 bis 384.

[70] Gedenkband anläßlich des 100. Todestages von C. F. Gauß am 23. Febr. 1955. Hrsg. von H. Reichardt. Leipzig: Teubner-Verlag 1957.

[71] Grassmann, H.: Die lineale Ausdehnungslehre. Ein neuer Zweig der Mathematik. Gesammelte Schriften **1**, **2**. Leipzig: Teubner-Verlag 1894/1896.

[72] Gromoll, D.; Klingenberg, W.; Meyer, W.: Riemannsche Geometrie im Großen. Lecture Notes in Math. **55**. Berlin–Heidelberg–New York: Springer-Verlag 1968.

[73] Haack, W.: Elementare Differentialgeometrie. Basel–Stuttgart: Birkhäuser Verlag 1955, insbes. S. 121ff.

[74] Hadamard, J.: Oeuvres **2**, Géométrie, Analysis situs, surfaces a courbures négatives (aus den Jahren 1887–1927), 697–1012; Paris: Centre National de le Recherche Scientifique 1968.

[75] Helgason, S.: Differential Geometry and Symmetric Spaces. New York: Academic Press 1962.

[76] Helmholtz, H.: Über die Tatsachen, welche der Geometrie zugrunde liegen. Nachr. Ges. Wiss. Göttingen (1868), 193–227.

[77] Hessenberg, G.: Vektorielle Begründung der Differentialgeometrie. Math. Ann. **78** (1917), 187 bis 217.

[78] Hilbert, D.: Hermann Minkowski; Gedächtnisrede vom 1. 5. 1909. Math. Ann. **68** (1910), 445–471.

[79] –, –: Die Grundlagen der Physik. Math. Ann. **92** (1924), 1–32; 1. Mitt.: Gött. Nachr. (1915), 395.

[80] –, –: Lebensgeschichte; verf. v. O. Blumenthal. Hilbert Ges. Abh. **3**. Berlin: Springer-Verlag 1935, 388–429.

[81] Hopf, H.: Über die Curvatura integra geschlossener Hyperflächen. Math. Ann. **95** (1925), 313 bis 399.

[82] –, –: Proceedings of the International Congress of Mathematicians 1958. London: Cambridge Univ. Press 1960.

[83] Israel, H.; Ruckhaber, E.; Weizmann, R.: Hundert Autoren gegen Einstein. Leipzig: Voigtländer 1931.

[84] Jacobi, C. G. J.: Théorème de M. Gauss sur les lignes géodésiques, généralisé et géométriquement démontré par M. Jacobi. Nouv. Ann. math. **4** (1845), 660–665.

[85] –, –: Demonstratio et amplificatio nova theorematis Gaussiani de quadratura integra trianguli in data superficie e lineis brevissimis formati. J. Math. **16** (1837), 344–350.

[86] Kawaguchi, A.: The Notion of Geometry. Einstein Centenarium 1979. Berlin: Akademie-Verlag 1979, 55–61.

[87] Killing, W.: Die nicht-euklidischen Raumformen in analytischer Behandlung. Leipzig: Teubner-Verlag 1885.

[88] –, –: Über die Clifford-Klein'schen Raumformen. Math. Ann. **39** (1891), 257–278.

[89] –, –: Einführung in die Grundlagen der Geometrie. Paderborn: Schönig 1893.

[90] Klein, F.: Über die sogenannte Nicht-Euklidische Geometrie. Math. Ann. **4** (1871), 573–625.

[91] –, –: Zur nicht-euklidischen Geometrie. Math. Ann. **37** (1890), 544-572.

[92] –, –: Einleitung in die höhere Geometrie. Autogr. Vorlesung, Göttingen. Leipzig: Teubner-Verlag 1893.

[93] –, –: Zu Hilberts erster Note über die Grundlagen der Physik. Gött. Nachr. (1917); Ges. Abh. **1**. Berlin: Springer-Verlag 1921, 553–567.

[94] –, –: Vorlesungen über die Entwicklung der Mathematik im 19. Jahrhundert, **1**, **2**. Berlin: Springer-Verlag 1926/1927.

[95] Klingenberg, W.: Grundlagen der Geometrie. Gedenkband Gauß. Leipzig: Teubner-Verlag 1957.

[96] –, –: Die Bedeutung von Gauß für die Entwicklung der Geometrie. Festakt und Tagung aus Anlaß des 200. Geburtstages von Carl Friedrich Gauß. 22./23. April 1977 in Berlin. Berlin: Akademie-Verlag 1978, 59–64; Abh. AdW 3N.

[97] –, –: Die Bedeutung von Christoffel für die Geometrie. E. B. Christoffel – The Influence of His Work on Mathematics and the Physical Sciences. Basel–Boston–Stuttgart: Birkhäuser Verlag 1981, 462–473.

[98] Kobayashi, S.; Nomizu, K.: Foundations of Differential Geometry **1** (1963), **2** (1969). New York: Wiley 1963/1969.

[99] Kronecker, L.: Über Systeme von Funktionen mehrerer Variablen. Monatsber. Akad. Wiss. Berlin (1869), 155–193, 688–698.

[100] Lagrange, J. L.: Nouvelle Solution du Problème du Mouvement de Rotation d'un corps de figure quelconque qui n'est animé par aucune force accélératrice. Oeuvres Lagrange **3**, Paris: Gauthier-Villars 1869, 579–616 (aus dem Jahre 1773).

[101] Lagrange, R.: Sur le calcul différentiel absolu. Thèse, Paris 1923.

[102] Lambert, J. A.: Theorie der Parallellinien. Nachlaß, hrsg. v. J. Bernoulli. Mag. reine angew. Math. 1786; Neudruck hrsg. v. P. Stäckel und F. Engel in: Die Theorie der Parallellinien von Euklid bis auf Gauß. Leipzig: Teubner-Verlag 1895, 152–207.

[103] Lamé, G.: Leçons sur les coordonnées curvilignes et leurs diverses applications. Paris: Bachelier 1859.

[104] Legendre, A. M.: Elements de Géométrie. 12. Aufl. Paris: Didot 1823. Erstveröffentlichung in Hist. Acad. Sci. Mém. Math. Phys. Paris 1787. Übers. ins Deutsche mit Anm. v. A. C. Crelle: Die Elemente der Geometrie und der ebenen und sphärischen Trigonometrie. Berlin: Maurer 1822.
[105] Levi-Civitá, T.: Nozione di parallelismo in une varietà qualunque ... Rend. del Circ. Mat. di Palermo **42** (1917), 173–205.
[106] –, –: Der absolute Differential Calkül. Berlin: Springer-Verlag 1928.
[107] –, –: La teoria di Einstein e il principio di Fermat. Nuovo Cimento Ser. 6, **16** (1918), 105–114.
[108] –, –: Lezioni di calcolo differenziale assoluto. Roma: A. Stock 1925.
[109] Lie, S.: Zur Theorie der Flächen konstanter Krümmung. Arch. for Math. Christiania **4** (1879), 355–366; **5** (1880), 282–306, 328–358.
[110] –, –: Über die Grundlagen der Geometrie. Leipziger Ber. **42** (1890), 284–321, 355–418.
[111] –, –: Vorlesungen über kontinuierliche Gruppen. Hrsg. von G. Scheffers. Leipzig: Teubner-Verlag 1893.
[112] Lie, S.; Engel, F.: Theorie der Transformationsgruppen. Leipzig: Teubner-Verlag 1888.
[113] Liouville, J.: Sur un théorème de M. Gauss, concernant le produit des deux rayons de courbure principaux en chaque point d'une surface. J. Math. p. appl. **12** (1847), 291–304; sowie Note IV in G. Monge. Application de l'Analyse à la Géométrie. 5. Aufl. ed. Liouville. Paris (1850), 583–600.
[114] Lipschitz, R.: Untersuchungen in Betreff der ganzen homogenen Functionen von *n* Differentialen. J. Math. **70** (1869), 71–102.
[115] –, –: Entwicklung einiger Eigenschaften der quadratischen Formen von *n* Differentialen. J. Math. **71** (1870), 274–287, 288–295.
[116] –, –: Fortgesetzte Untersuchungen in Betreff der ganzen homogenen Functionen von *n* Differentialen. J. Math. **72** (1870), 1–56.
[117] –, –: Entwicklung eines Zusammenhangs zwischen den quadratischen Formen von *n* Differentialen und den Abelschen Transcendenten. J. Math. **74** (1872), 150–171.
[118] Mainardi, G.: Su la teoria generale delle superficie. G. Ist. Lomb. Milano (2) **9** (1857), 385 bis 398.
[119] –, –: Pensieri intorno varii argomenti: Su la teoria generale delle superficie. Atti Acc. Pontif. N. Lincei **23** (1869/70), 220–229.
[120] Meusnier, J. B.: Mémoire sur la courbure des surfaces. Mém. prés. div. sav. Ac. sc. Paris **10** (1785), 477–510.
[121] Minding, F.: Bemerkung über die Abwickelung krummer Linien auf Flächen. J. Math. **6** (1830), 159–161.
[122] –, –: Wie sich entscheiden läßt, ob zwei gegebene krumme Flächen auf einander abwickelbar sind oder nicht; nebst Bemerkungen über die Flächen von unveränderlichem Krümmungsmaaße. J. Math. **19** (1839), 370–387.
[123] Minkowski, H.: Die Grundgleichungen für die Elektromagnetischen Vorgänge in bewegten Körpern. Nachr. Ges. Wiss. Göttingen, Math.-Phys. Kl. (1908), 53–111; Werke **2**, Leipzig und Berlin: Teubner-Verlag 1911, 352–404.
[124] –, –: Raum und Zeit. Vortrag 80. Naturf. Vers. Köln 1908. Phys. Ztschr. **10** (1909), 104–111 und Jhrber. D. Math. Ver. **18**, 75–88; Sonderabdruck. Leipzig: Teubner-Verlag 1909; Werke **2**, Leipzig und Berlin: Teubner-Verlag 1911, 431–444.
[125] –, –: Briefe an David Hilbert. Hrsg. v. L. Rüdenberg u. H. Zassenhaus. Berlin–Heidelberg–New York: Springer-Verlag 1973.
[126] Monge, G.: Mémoires sur les développées, les rayons de courbure et les différens genres d'inflexions des courbes à double courbure. Mém. prés. div. sav. Ac. sc. Paris **10** (1785), 511–550.
[127] –, –: Mémoire sur les propriétés de plusieurs genres de surfaces courbes, particulièrement sur celles des surfaces développables, avec une Application à la Théorie des Ombres et des Pénombres. Mém. prés. div. sav. Ac. sc. Paris **9** (1780), 382–440.
[128] Newton, I.: Opuscula Mathematica, Philosophica et Philologica **1**. Tractatus de quadratura curvarum (aus dem Jahre 1704), 201–244. Lausanne und Genf: Bousquel & Socios 1744.
[129] Pauli, W. jr.: Relativitätstheorie. Enzykl. Math. Wiss. 5 (19), (1904–1922), 539–775; als Buch erschienen Leipzig–Berlin: Teubner-Verlag 1922.
[130] Peterson, K.: Über die Biegung der Flächen. Kandidatenschrift 1853. Russ. Übers. von I. Depman: Об изгибании поверхностей. Истор. мат. исслед. **5** (1952), 87–112.
[131] Pinl, M.: E. B. Christoffel's Weg zum absoluten Differentialkalkül und sein Beitrag zur Theorie des Krümmungstensors. E. B. Christoffel – The Influence of His Work on Mathematics and the Physical Sciences. Basel–Boston–Stuttgart: Birkhäuser Verlag 1981, 474–479.
[132] Poincaré, H.: Sur la dynamique de l'éléctron. Rend. Pal **21** (1906), 129.
[133] –, –: Sur les résidus des intégrales doubles. Œuvres **3**. Hrsg. von J. Drach. Paris: Gauthier-Villars 1934, 440–489.
[134] Raschewski, P. K.: Риманова геометрия и тензорный анализ. Гостехиздат. Moskau 1953, 2. Aufl. Moskau 1964; deutsche Übers.: Riemannsche Geometrie und Tensoranalysis. Berlin: Deutscher Verlag der Wissenschaften 1959.

[135] Reich, K.: Die Geschichte der Differentialgeometrie von Gauß bis Riemann. Arch. History Exact Sci. **11** (1973), 273–382.

[136] Reichardt, H.: Vorlesungen über Vektor- und Tensorrechnung. Berlin: Deutscher Verlag der Wissenschaften 1957, 2. Aufl. 1968.

[137] –, –: Gauß und die nicht-euklidische Geometrie. Leipzig: Teubner-Verlag 1976.

[138] –, –: Festvortrag. Festakt und Tagung aus Anlaß des 200. Geburtstages von Carl Friedrich Gauß. 22./23. April 1977 in Berlin. Berlin: Akademie-Verlag 1978, 17–31; Abh. AdW 3N.

[139] Reid, C.: Hilbert. Berlin–Heidelberg–New York: Springer-Verlag 1970.

[140] Ricci, G. (Ricci-Curbastro): Formole fondamentali nella teoria generale delle varietà e della loro curvatura. Rend. Accad. Lincei (5) **11**$^{1}$ (1902), 355–362.

[141] –, –; Sulle superficie geodetiche in una varietà qualunque e in particolare nelle varietà a tre dimensioni. Rend. Accad. Lincei (5) **12**$^{1}$ (1903), 409–420.

[142] –, –: Direzioni e invarianti principali di una varietà qualunque. Atti R. Istit. Veneto **63** (1904), 1233–1239.

[143] –, –: Sulla determinazione di varietà dotate di proprietà intrinseche. Rend. Accad. Lincei (5) **19**$^{1}$ (1910), 181–187.

[144] Ricci, G.; Levi-Cività, T.: Méthodes de calcul différentiel absolu et leurs applications. Math. Ann. **54** (1901), 125–201.

[145] Riemann, B.: Über die Hypothesen, welche der Geometrie zu Grunde liegen. (Aus dem Nachlaß des Verfassers mitgetheilt durch R. Dedekind). Abh. Ges. Gött., Math. Kl. **13** (1868), 133–152. Werke. 1. Aufl. Leipzig: Teubner-Verlag 1876, 254–269; 2. Aufl. 1892. Neu herausgegeben und erläutert von H. Weyl. Berlin: Springer-Verlag 1919.

[146] –, –: Sur les hypothèses qui servent de fondement à la géométrie. Traduit par Hoüel. Ann. mat. p. appl. (2) **3** (1869/70), 309–326.

[147] –, –: Commentatio mathematica, qua respondere tentatur quaestioni ab Ill$^{ma}$ Academia Parisiensi propositae: „Trouver quel doit être l'état calorifique etc.“ Werke. 1. Aufl. Leipzig: Teubner-Verlag 1876, 370–383 (mit Anmerkungen von H. Weber nach R. Dedekind, 384–399); 2. Aufl. 1892.

[148] Rinow, W.: Bericht über die innere Flächentheorie A. D. Alexandrovs. Jhrber. D. Math. Ver. **56** (1953), 77–87.

[149] –, –: Die innere Geometrie der metrischen Räume. Berlin–Göttingen–Heidelberg: Springer-Verlag 1961.

[150] Ritter, A.: Vorlesungsnachschrift von Gauß: Vorlesung über die Methode der kleinsten Quadrate. Gauß Werke **10/1**, 473–481.

[151] Schläfli, L.: Über das Minimum des Integrals $\int \sqrt{(dx_1^2 + dx_2^2 + \ldots + dx_n^2)}$, wenn die Variabeln $x_1, x_2, \ldots, x_n$ durch eine Gleichung zweiten Grades gegenseitig voneinander abhängig sind. J. Math. **43** (1852), 23–36.

[152] Schouten, J. A.: Die direkte Analyse zur neueren Relativitätstheorie. Verh. Akad. Amsterdam **12** (6) (1918).

[153] –, –: Der Ricci-Kalkül. Berlin: Springer-Verlag 1924.

[154] –, –: Ricci Calculus. 2. Aufl. Berlin–Göttingen–Heidelberg: Springer-Verlag 1954 (mit ausführlicher Bibliographie).

[155] Schur, F.: Über den Zusammenhang der Räume konstanten Krümmungsmaßes mit den projektiven Räumen. Math. Ann. **27** (1886), 537–567.

[156] –, –: Zur Theorie der endlichen Transformationsgruppen. Math. Ann. **38** (1891), 263–286.

[157] Stäckel, P.: Gauß als Geometer. Gauß Werke **10/2** (4), 1–123 (zuerst erschienen als Beiheft zu Gött. Nachr., 1917).

[158] Strubecker, K.: Differentialgeometrie I, II, III. Berlin: Göschen 1964 bzw. 1969.

[159] Struik, D. J.: Outline of a history of differential geometry. Isis **19** (1933), 92–120; **20** (1933), 161–191.

[160] –, –: Theory of linear connections. Berlin: Springer-Verlag 1934.

[161] –, –: Grundzüge der mehrdimensionalen Differentialgeometrie in direkter Darstellung. Berlin: Springer-Verlag 1922 (mit ausführlicher Bibliographie).

[162] –, –: A Concise History of Mathematics. New York: Dover Publ. 1948. Deutsche Übers.: Abriß der Geschichte der Mathematik. 7. Aufl. Berlin: Deutscher Verlag der Wissenschaften 1980.

[163] Sturm, R.: Ein Analogon zu Gauss' Satz von der Krümmung der Flächen. Math. Ann. **21** (1883), 379–384.

[164] Sulanke, R.; Wintgen, P.: Differentialgeometrie und Faserbündel. Berlin: Deutscher Verlag der Wissenschaften 1972 (mit ausführlicher Bibliographie).

[165] Tits, J.: Sur certaines classes d'espaces homogènes de groupes de Lie. Acad. Roy. Belg. Mém. Cl. Sci. **29** (1955), Nr. 3.

[166] Wagner, V. V.: Абсолютная производная поля локального геометрического объекта в составном многообразии. ДАН, **40** (1943), 99–102.

[167] –, –: The inner geometry of non-linear non-holonomic manifolds. Матем. сб. **13** (55), (1943), 135–167.

[168] –, –: Обобщение тождеств Риччи и Бианки для связности в составном многообразии. ДАН, **46** (1945), 335–338.

[169] Weingarten, J.: Über eine Klasse auf einander abwickelbarer Flächen. J. Math. **59** (1861), 382 bis 393.
[170] –, –: Über die Eigenschaften des Linienelements der Flächen von constantem Krümmungsmaß. J. Math. **94** (1883), 181–202.
[171] Weyl, H.: Reine Infinitesimalgeometrie. Math. Ztschr. **2** (1918), 384–411.
[172] –, –: Die Einzigartigkeit der Pythagoreischen Maßbestimmung. Math. Ztschr. **12** (1922), 114–146.
[173] –, –: Raum-Zeit-Materie. Vorlesung über allgemeine Relativitätstheorie. 5. Aufl. Berlin: Springer-Verlag 1923 (mit ausführlicher Bibliographie).
[174] –, –: Mathematische Analyse des Raumproblems. Berlin: Springer-Verlag 1923.
[175] Wussing, H.: C. F. Gauss, Biographie. Leipzig: Teubner-Verlag 1979.
[176] Einstein, A.: Zur Elektrodynamik bewegter Körper. Ann. Phys. **17** (1905), 891–921.
[177] Gauss, C. F.: Disquisitiones generales circa superficies curvas. (Besprechung, unsigniert). Bull. Sci. Math. M. Férussac **10** (9) (1828), 4–11.
[178] Lorentz, H. A.: Elektromagnetische Erscheinungen in einem System, das sich mit beliebiger, die des Lichtes nicht erreichender Geschwindigkeit bewegt. Versl. Ak. Wetensch. Amsterdam **12** (1904), 986.
[179] Poincaré, H.: Der Stand der Theoretischen Physik an der Jahrhundertwende. Phys. Bl. **15** (1959), 145–149, 193–201 (Vortrag Intern. Kongr. Kunst Wissenschaft St. Louis 1904; übers. v. W. Glaser, Bull. Sci. Math. **28** (1904), 302ff.).
[180] Schmutzer, E.: Relativitätstheorie – aktuell. 2. Aufl. Leipzig: Teubner-Verlag 1981.

# Namen- und Sachverzeichnis

(Die kursiv gedruckten Seitenzahlen verweisen auf die Übersetzung von [147] bzw. auf den neuverfaßten kommentierenden Anhang)

# Teubner-Archiv zur Mathematik

**Band 2**

*G. Cantor*

**Über unendliche, lineare Punktmannigfaltigkeiten**

Arbeiten zur Mengenlehre aus den Jahren 1872–1884
Herausgegeben und kommentiert von
G. Asser
1984. 180 Seiten. Bestell-Nr. 666 187 5
Springer-Verlag Wien New York
ISBN 3-211-95826-6

**In Vorbereitung sind:**

**Band 3**

*G. Herglotz*

**Vorlesungen über die Mechanik der Kontinua**

Ausarbeitung von
R. B. Guenther und H. Schwerdtfeger
Mit einem Geleitwort von H. Beckert
1985. Etwa 256 Seiten. Bestell-Nr. 666 255 2
Springer-Verlag Wien New York
ISBN 3-211-95821-5

**Band 4**

*H. Reichardt*

**Gauß und die Anfänge der nicht-euklidischen Geometrie**

Mit Originalarbeiten von
J. Bolyai, N. I. Lobatschewski und F. Klein
1985. Etwa 244 Seiten. Bestell-Nr. 666 249 9
Springer-Verlag Wien New York
ISBN 3-211-95822-3

BSB B. G. Teubner Verlagsgesellschaft, Leipzig